## Impressum

Saage Media GmbH
c/o SpinLab – The HHL Accelerator
Spinnereistraße 7
04179 Leipzig, Germany
E-Mail: contact@SaageMedia.com
Web: www.SaageMedia.com
Commercial Register: Local Court Leipzig, HRB 42755 (Handelsregister: Amtsgericht Leipzig, HRB 42755)
Managing Director: Rico Saage (Geschäftsführer)
VAT ID Number: DE369527893 (USt-IdNr.)

Publisher: Saage Media GmbH

Veröffentlichung: 02.2025

Umschlagsgestaltung: Saage Media GmbH

ISBN-Softcover (de): 978-3-384-50995-6

ISBN-Ebook (de): 978-3-384-50996-3

## Rechtliches / Hinweise

Die in diesem Buch enthaltenen Quellenverweise und Zitate wurden sorgfältig recherchiert und sinngemäß wiedergegeben. Die Interpretation und Darstellung der zitierten Inhalte spiegelt die Auffassung des Autors wider und muss nicht zwangsläufig mit der Intention oder Meinung der ursprünglichen Autoren übereinstimmen. Bei sinngemäßen Zitaten wurden die Kernaussagen der Originalquellen nach bestem Wissen und Gewissen in den Kontext dieses Werkes eingebettet, können jedoch durch die Übertragung und Vereinfachung von den ursprünglichen Formulierungen und Bedeutungsnuancen abweichen. Alle verwendeten Quellen sind im Literaturverzeichnis vollständig aufgeführt und können dort im Original nachgelesen werden. Die Verantwortung für die Interpretation und kontextuelle Einbettung der zitierten Inhalte liegt beim Autor dieses Buches. Bei wissenschaftlichen Fragestellungen und Detailinformationen wird empfohlen, die Originalquellen zu konsultieren. Der Autor hat sich bemüht, komplexe wissenschaftliche Sachverhalte allgemeinverständlich darzustellen. Dabei können Vereinfachungen und Verallgemeinerungen nicht ausgeschlossen werden. Für die fachliche Richtigkeit und Vollständigkeit der vereinfachten Darstellungen kann keine Gewähr übernommen werden. Die sinngemäße Wiedergabe von Zitaten und wissenschaftlichen Erkenntnissen erfolgt gewissenhaft unter Beachtung des Zitatrechts gemäß § 51 UrhG sowie aller relevanten urheberrechtlichen Bestimmungen anderer Länder. Bei der Vereinfachung, Übertragung und gegebenenfalls Übersetzung wissenschaftlicher Inhalte in eine allgemeinverständliche Sprache können Bedeutungsnuancen und fachliche Details verloren gehen. Der Autor erhebt keinen Anspruch auf die Rechte der zitierten Werke und respektiert sämtliche Urheberrechte der Originalautoren. Sollte eine unerlaubte Nutzung festgestellt werden, bittet der Autor um Mitteilung, um entsprechende Maßnahmen zu ergreifen. Für akademische Zwecke und bei der Verwendung als wissenschaftliche Referenz wird ausdrücklich empfohlen, auf die Originalquellen zurückzugreifen. Die vereinfachte Darstellung dient ausschließlich der populärwissenschaftlichen Information.

Die in diesem Buch enthaltenen Informationen zu nachhaltigen Bauweisen, Energieeffizienz und Bauplanung wurden sorgfältig recherchiert und nach bestem Wissen zusammengestellt. Dennoch können sich Vorschriften, technische Standards und Baurichtlinien ändern. Eine Gewähr für die Aktualität, Richtigkeit und Vollständigkeit der Angaben kann daher nicht übernommen werden. Die vorgestellten Planungs- und Baukonzepte, technischen Lösungen sowie Berechnungsbeispiele dienen der allgemeinen Information und ersetzen keine professionelle Beratung durch Architekten, Energieberater, Statiker oder andere Fachplaner. Vor der konkreten Umsetzung von Bauvorhaben ist die Konsultation qualifizierter Experten unerlässlich. Für Schäden materieller oder ideeller Art, die durch die Nutzung der dargestellten Informationen entstehen, wird keine Haftung übernommen. Dies gilt auch für Fehler bei der Planung oder Ausführung, die trotz sorgfältiger Beachtung der beschriebenen Methoden auftreten können. Alle Berechnungen zu Energieeffizienz, Wirtschaftlichkeit und Fördermöglichkeiten basieren auf dem Stand zum Zeitpunkt der Drucklegung. Aktuelle Werte und Bestimmungen sind bei den zuständigen Stellen zu erfragen. Die im Buch erwähnten Produkte und Marken können Warenzeichen oder eingetragene Warenzeichen der jeweiligen Eigentümer sein. Die Rechte Dritter werden anerkannt. Detaillierte Quellenangaben zu Studien, Statistiken und Fachliteratur finden sich im Anhang.

Bendis Saage

# Nachhaltig Bauen: Planung und Umsetzung für energieeffiziente Häuser

## Von der Grundstücksanalyse bis zur Bauabnahme - Ein Leitfaden für alle, die ihr Haus nachhaltig und zukunftsorientiert bauen wollen

51 Quellen
32 Diagramme
41 Bilder
7 Illustrationen

**Liebe Leserinnen, liebe Leser,**

von Herzen danken wir Ihnen, dass Sie sich für dieses Buch entschieden haben. Mit Ihrer Wahl haben Sie uns nicht nur Ihr Vertrauen geschenkt, sondern auch einen Teil Ihrer wertvollen Zeit. Das wissen wir sehr zu schätzen.

Nachhaltiges Bauen ist heute wichtiger denn je - für unsere Umwelt und unseren Geldbeutel. Wer ein Haus plant und baut, steht vor der Herausforderung, zukunftsfähige Entscheidungen zu treffen: Von der Wahl des richtigen Grundstücks über energieeffiziente Bauweisen bis zur optimalen Haustechnik. Dieses Fachbuch begleitet systematisch durch alle Phasen des nachhaltigen Bauens. Anhand konkreter Planungsschritte, praxiserprobter Methoden und aktueller Technologien zeigt es auf, wie sich ökologische und ökonomische Ziele beim Hausbau optimal vereinen lassen. Besonderes Augenmerk liegt auf energieeffizienten Konzepten, regenerativen Energiesystemen und der Verwendung umweltfreundlicher Baumaterialien. Der strukturierte Leitfaden unterstützt Bauherren dabei, ihr Projekt von der ersten Idee bis zur schlüsselfertigen Übergabe nachhaltig zu gestalten und dabei Kosten und Qualität im Blick zu behalten. Machen Sie Ihr Bauvorhaben fit für die Zukunft - mit fundierten Erkenntnissen und praktischen Handlungsempfehlungen für nachhaltiges Bauen.

Dieser Ratgeber bietet Ihnen verständlich aufbereitete und praxisnahe Informationen zu einem komplexen Thema. Dank selbst entwickelter digitaler Tools, die auch neuronale Netze nutzen, konnten wir umfangreiche Recherchen durchführen. Die Inhalte wurden optimal strukturiert und bis zur finalen Fassung ausgestaltet, um Ihnen einen fundierten und leicht zugänglichen Überblick zu ermöglichen. Das Ergebnis: Sie erhalten einen umfassenden Einblick und profitieren von klaren Erklärungen und anschaulichen Beispielen. Auch die visuelle Gestaltung wurde durch diese fortschrittliche Methode optimiert, damit Sie die Informationen schnell erfassen und nutzen können.

Wir bemühen uns um höchste Genauigkeit, sind aber für jeden Hinweis auf mögliche Fehler dankbar. Besuchen Sie unsere Website, um die aktuellsten Korrekturen und Ergänzungen zu diesem Buch zu finden. Diese werden auch in zukünftigen Auflagen berücksichtigt.

Wir hoffen, Sie haben viel Freude beim Lesen und entdecken Neues! Sollten Sie Anregungen, Kritik oder Fragen haben, freuen wir uns über Ihre Rückmeldung. Nur durch den aktiven Austausch mit Ihnen, den Lesern, können zukünftige Auflagen und Werke noch besser werden. Bleiben Sie neugierig!

**Bendis Saage**

Saage Media GmbH - Team

- www.SaageBooks.com/de
- support@saagemedia.com
- Spinnereistraße 7 - c/o SpinLab – The HHL Accelerator, 04179 Leipzig, Germany

## Schnell zum Wissen

Für ein optimales Leseerlebnis möchten wir Sie mit den wichtigsten Merkmalen dieses Buches vertraut machen:

- **Modularer Aufbau:** Jedes Kapitel ist in sich abgeschlossen und kann unabhängig von den anderen gelesen werden.
- **Fundierte Recherche:** Alle Kapitel basieren auf gründlicher Recherche und sind mit wissenschaftlichen Quellenangaben belegt. Die in den Diagrammen dargestellten Daten dienen der besseren Visualisierung und beruhen auf Annahmen, nicht auf den in den Quellen angegebenen Daten. Eine umfassende Liste der Quellen und Bildnachweise befindet sich im Anhang.
- **Verständliche Terminologie:** Unterstrichene Fachbegriffe werden im Glossar erläutert.
- **Kapitelzusammenfassungen:** Am Ende jedes Kapitels finden Sie prägnante Zusammenfassungen, die Ihnen einen Überblick über die wichtigsten Punkte geben.
- **Konkrete Handlungsempfehlungen:** Jedes Subkapitel schließt mit einer Liste konkreter Ratschläge ab, die Ihnen helfen sollen, das Gelernte in die Praxis umzusetzen.

**Zusätzliche Bonus-Materialien auf unserer Website**

Auf unserer Website planen wir Ihnen folgende exklusive Materialien zur Verfügung zu stellen:

- Bonusinhalte und zusätzliche Kapitel
- Eine kompakte Gesamtzusammenfassung
- Eine Hörspiel Version. (In Planung)

Die Website befindet sich derzeit noch im Aufbau.

www.SaageBooks.com/de/nachhaltiges_bauen-bonus-NOZS81

# Inhaltsverzeichnis

- 3. Baumanagement
  - 3. 1 Baustellenorganisation
    - Logistikplanung
    - Ressourcenmanagement
  - 3. 2 Qualitätssicherung
    - Dokumentation
    - Mängelmanagement
  - 3. 3 Koordination
    - Gewerkeabstimmung
    - Terminsteuerung
    - Konfliktmanagement

# 1. Nachhaltige Bauplanung

Wie lässt sich ein Bauvorhaben von Beginn an so gestalten, dass es über Jahrzehnte hinweg ökologisch und wirtschaftlich sinnvoll bleibt? Die sorgfältige Planung in der frühen Projektphase entscheidet maßgeblich über den späteren Erfolg des gesamten Bauvorhabens. Von der Grundstückswahl über die Gebäudeausrichtung bis zur Materialauswahl greifen dabei zahlreiche Faktoren ineinander. Eine durchdachte Herangehensweise spart nicht nur Ressourcen und Kosten, sondern schafft auch langfristig mehr Wohnqualität. In diesem Kapitel zeigen wir, welche Weichen Sie bereits in der Planungsphase für ein zukunftsfähiges Gebäude stellen können.

## 1. 1 Grundstücksanalyse

Die Grundstücksanalyse bildet das Fundament nachhaltiger Bauplanung. Bodenbeschaffenheit und Topografie beeinflussen die Statik, Entwässerung und Gartengestaltung, während das Mikroklima und die klimatischen Bedingungen den Energiebedarf und Wohnkomfort bestimmen. Die infrastrukturelle Anbindung prägt die Mobilität und Lebensqualität. Eine sorgfältige Analyse dieser Faktoren vermeidet kostspielige Fehler und steigert den Immobilienwert. Entdecken Sie im Folgenden, wie Sie das Grundstückspotenzial optimal nutzen.

*Nachhaltige Bauplanung erfordert eine ganzheitliche Grundstücksanalyse, die neben Bodenbeschaffenheit und klimatischen Bedingungen auch die infrastrukturelle Anbindung und die Integration in die urbane grüne Infrastruktur berücksichtigt.*

## Bodenbeschaffenheit und Topografie

Bodenbeschaffenheit und Topografie beeinflussen die Planung und Umsetzung nachhaltiger Bauprojekte maßgeblich. Die Tragfähigkeit des Bodens bestimmt die Art des Fundaments und damit die Statik des Gebäudes. Ein felsiger Untergrund bietet andere Voraussetzungen als ein sandiger Boden. Letzterer erfordert gegebenenfalls zusätzliche Maßnahmen zur Stabilisierung, was sich auf die Baukosten auswirkt. Auch die Bodenart beeinflusst die Entwässerung des Grundstücks. Lehmige Böden halten Wasser zurück und können zu Staunässe führen, während sandige Böden Wasser schnell ableiten. Diese Eigenschaften beeinflussen die Wahl der Pflanzen und die Gestaltung der Außenanlagen. Die Kenntnis der Bodenbeschaffenheit ist also für die Planung der Gartengestaltung und die Auswahl geeigneter Baumaterialien unerlässlich. Ein hoher Grundwasserspiegel kann beispielsweise Drainagen notwendig machen, um das Gebäude vor Feuchtigkeit zu schützen.

Die Topografie, also die Oberflächenform des Grundstücks, beeinflusst die Platzierung des Gebäudes, die Ausrichtung der Solaranlagen und den Energiebedarf. Ein steiles Grundstück erfordert möglicherweise Terrassierungen oder eine spezielle Fundamentierung, was die Baukosten erhöhen kann. Südhanglagen bieten optimale Bedingungen für die Nutzung von Solarenergie, während Nordhänge eher schattig sind und einen höheren Heizbedarf mit sich bringen können. Die Topografie beeinflusst auch den Abfluss von Oberflächenwasser. Senken können sich bei starkem Regen mit Wasser füllen, während Hänge eine schnelle Ableitung gewährleisten. Diese Faktoren beeinflussen die Wahl des Standorts für das Gebäude und die Gestaltung der Landschaft. Die Analyse der ökologischen Widerstandsfähigkeit zeigt, dass Gebiete mit komplexer Topografie und hoher ökologischer Sensitivität widerstandsfähiger gegenüber menschlichen Eingriffen sind. Eine detaillierte topografische Analyse hilft, potenzielle Probleme frühzeitig zu erkennen und entsprechende Maßnahmen zu ergreifen. So kann etwa durch die geschickte Platzierung des Gebäudes und die Gestaltung des Gartens der Energiebedarf minimiert und das Mikroklima positiv beeinflusst werden. Ein Grundstück mit starkem Gefälle kann durch den Bau von Stützmauern oder die Anlage von Terrassen optimal genutzt werden, um verschiedene Ebenen für Garten, Wohnbereich und Nutzgarten zu schaffen. Die Berücksichtigung der natürlichen Gegebenheiten des Grundstücks ermöglicht eine harmonische Integration des Gebäudes in die Landschaft und trägt zu einem nachhaltigen Umgang mit Ressourcen bei. Die Bodenbeschaffenheit und die Topografie sind wichtige Faktoren für die Standortwahl und die Planung eines nachhaltigen Bauprojekts. Eine sorgfältige Analyse dieser Faktoren ermöglicht eine optimale Anpassung des Bauvorhabens an die örtlichen Gegebenheiten und trägt zu einer langfristigen Wertsteigerung der Immobilie bei. Ein Baugrundgutachten liefert detaillierte Informationen über die Bodenbeschaffenheit und die Tragfähigkeit des Bodens und ist daher eine wichtige Grundlage für die Planung und Umsetzung eines Bauprojekts. Durch die frühzeitige Berücksichtigung dieser Faktoren können kostspielige Nachbesserungen vermieden und die Nachhaltigkeit des Bauprojekts sichergestellt werden. Eine Analyse der geologischen Umwelteignung kann wertvolle Informationen über die Eignung eines Gebiets für die Bebauung liefern. In Regionen mit komplexer Topografie, wie karastischen Gebirgen, ist eine solche Analyse besonders wichtig, da hier die Ökosysteme empfindlich und der Raum begrenzt ist.

---

Quellen: Bundesanstalt für Geowissenschaften und Rohstoffe (BGR). (n.d.). Bodenkundliche Karten. Deutsches Institut für Normung (DIN). (2018). DIN 1054: Baugrund – Sicherheitsnachweise im Erd- und Grundbau. Wang, S., Chen, J., & Li, T. (2022). Assessment of geological environmental suitability for sustainable development in karst mountain areas. *Environmental Earth Sciences*, *81*(12), 343.

## Gut zu wissen

**Baugrundgutachten**

Ein Baugrundgutachten liefert wichtige Informationen über die Bodenbeschaffenheit, den Grundwasserspiegel und mögliche Altlasten. Es ist Grundlage für die Planung des Fundaments und anderer erdberührender Bauteile und hilft, Risiken und Kosten zu minimieren.

**Drainagen**

Drainagen leiten überschüssiges Wasser vom Gebäude ab und schützen es vor Feuchtigkeitsschäden. Bei der Planung von Drainagen sollten nachhaltige Materialien verwendet und die Auswirkungen auf den Wasserhaushalt des Grundstücks berücksichtigt werden.

**Karstastische Gebirge**

Karstastische Gebirge sind durch wasserlösliches Gestein wie Kalkstein gekennzeichnet. Bei Bauvorhaben in solchen Gebieten ist besondere Vorsicht geboten, da der Untergrund instabil sein kann und es zu Hohlräumen oder Erdfällen kommen kann. Eine gründliche geologische Untersuchung ist unerlässlich.

**Terrassierungen**

Terrassierungen können auf abschüssigen Grundstücken angelegt werden, um ebene Flächen für den Garten oder die Landwirtschaft zu schaffen. Sie bieten die Möglichkeit, verschiedene Mikroklimata zu erzeugen und die Biodiversität zu fördern.

## Bodentragfähigkeit vs. Höhe

Korrelation zwischen Bodentragfähigkeit und Höhe am Standort.

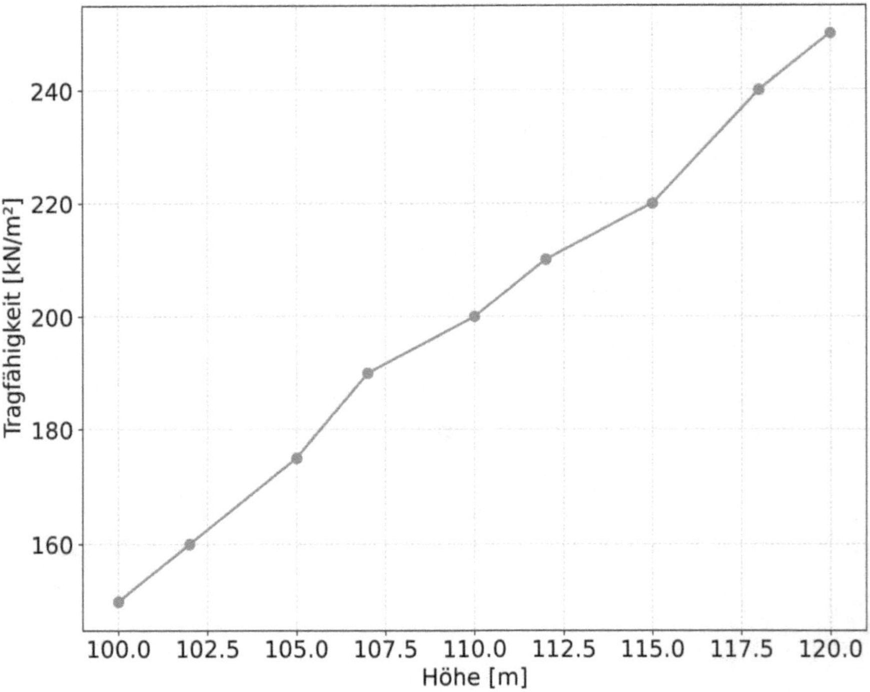


Höhere Lagen weisen im Allgemeinen eine erhöhte Bodentragfähigkeit auf, was auf die Eignung für schwerere Bauwerke hindeutet. Niedrigere Bereiche erfordern möglicherweise Bodenverbesserungstechniken für optimale Fundamentstabilität. Diese Korrelation ist wertvoll für die fundierte Gebäudeplatzierung und ressourceneffiziente Fundamentplanung.

## Klimatische Bedingungen

Klimatische Bedingungen prägen maßgeblich den Energiebedarf und Wohnkomfort eines Gebäudes und sollten daher in der Planungsphase gründlich analysiert werden. Dazu gehören neben den jahreszeitlichen Temperaturschwankungen auch die vorherrschenden Windverhältnisse, die Sonneneinstrahlung und die Niederschlagsmengen. Diese Faktoren beeinflussen die Wahl der Baumaterialien, die Dämmung des Gebäudes, die Platzierung und Größe der Fenster sowie die Gestaltung der Außenanlagen. Starke Winde können beispielsweise die Wärmeverluste eines Gebäudes erhöhen und erfordern gegebenenfalls zusätzliche Schutzmaßnahmen wie Windschutzhecken. Die Sonneneinstrahlung bestimmt die potenzielle Nutzung von Solarenergie und beeinflusst die natürliche Belichtung der Räume. In Regionen mit hoher Sonneneinstrahlung kann eine Überhitzung der Räume im Sommer vermieden werden durch Verschattungselemente wie Dachüberstände oder gezielte Bepflanzung. Niederschlagsmengen beeinflussen die Dimensionierung der Dachentwässerung und die Gestaltung des Geländes, um Abflussprobleme zu vermeiden. Ein Gründach kann Regenwasser zurückhalten und so die Kanalisation entlasten. Die Analyse der klimatischen Bedingungen umfasst auch die Untersuchung des Mikroklimas. Dieses wird durch lokale Gegebenheiten wie die Vegetation, die Topografie und die Bebauung beeinflusst. So können innerstädtische Bereiche beispielsweise durch den sogenannten Wärmeinseleffekt höheren Temperaturen ausgesetzt sein als das umgebende ländliche Gebiet. Die Berücksichtigung des Mikroklimas ermöglicht eine optimale Anpassung des Gebäudes an die örtlichen Gegebenheiten und trägt zu einem behaglichen Wohnklima bei. Ein Beispiel hierfür ist die Nutzung der natürlichen Luftzirkulation zur Kühlung der Räume im Sommer. Durch gezielte Platzierung von Fenstern und Türen kann ein natürlicher Luftstrom erzeugt werden, der die Räume ohne zusätzlichen Energieaufwand kühlt. Die Daten für die klimatische Analyse können aus verschiedenen Quellen bezogen werden. Meteorologische Messstationen liefern langfristige Daten zu Temperatur, Niederschlag, Wind und Sonneneinstrahlung. Zusätzlich können Klimaatlanten und Simulationsprogramme verwendet werden, um detaillierte Informationen über das lokale Klima zu erhalten. Diese Informationen bilden die Grundlage für eine nachhaltige Gebäudeplanung, die den Energiebedarf minimiert und den Wohnkomfort maximiert. Darüber hinaus können auch regionale Bauvorschriften und -richtlinien wertvolle Hinweise zu den klimatischen Anforderungen an Gebäude enthalten. Die Berücksichtigung dieser Vorgaben sichert nicht nur die Funktionalität und den Komfort des Gebäudes, sondern trägt auch zur Einhaltung der geltenden Bauvorschriften bei. Bei der Planung der Gebäudehülle sollten die klimatischen Bedingungen besonders berücksichtigt werden. Die Außenwände und das Dach bilden die Schnittstelle zwischen dem Gebäudeinneren und der Außenwelt und müssen daher den klimatischen Belastungen standhalten. In Regionen mit hohen Temperaturunterschieden ist eine effektive Dämmung unerlässlich, um Wärmeverluste im Winter und eine Überhitzung im Sommer zu verhindern. Die Wahl der Dämmstoffe richtet sich nach den klimatischen Bedingungen und den bauphysikalischen Anforderungen. Auch die Orientierung des Gebäudes und die Größe und Platzierung der Fenster spielen eine wichtige Rolle für den Energiebedarf und den Wohnkomfort. Große Fensterflächen auf der Südseite können im Winter die passive Sonnenenergienutzung ermöglichen, während im Sommer eine effektive Verschattung notwendig ist, um eine Überhitzung zu verhindern. Die Gestaltung der Außenanlagen kann ebenfalls zum klimatischen Komfort beitragen. Bäume und Sträucher können als natürliche Schattenspender dienen und gleichzeitig die Luftfeuchtigkeit regulieren. Die Analyse der klimatischen Bedingungen ist ein wesentlicher Bestandteil der nachhaltigen Bauplanung. Sie ermöglicht eine optimale Anpassung des Gebäudes an die örtlichen Gegebenheiten und trägt zu einem energieeffizienten und komfortablen Wohnen bei.

*Gründach* [i1]

*Dachüberstand* [i2]

## Gut zu wissen

**Dachüberstände**

Dachüberstände bieten nicht nur Schutz vor Sonneneinstrahlung, sondern schützen auch die Fassade vor Witterungseinflüssen und tragen so zur Langlebigkeit des Gebäudes bei.

**Dimensionierung**

Die Dimensionierung von Entwässerungssystemen muss die lokale Niederschlagsmenge und die Bodenbeschaffenheit berücksichtigen, um ein effektives Wassermanagement zu gewährleisten und Überschwemmungen zu vermeiden.

**Mikroklima**

Das Mikroklima eines Grundstücks beeinflusst die Auswahl der Pflanzen für die Gartengestaltung und die Platzierung von Bäumen für optimalen Schattenwurf und Windschutz. Es spielt auch eine Rolle bei der Planung von Regenwassermanagement-Systemen, da die Verdunstungsrate im Mikroklima die benötigte Speicherkapazität beeinflussen kann.

**Wärmeinseleffekt**

Der Wärmeinseleffekt kann durch die Verwendung von hellen Dachmaterialien und die Integration von Grünflächen in die Gebäudeplanung gemindert werden, um die Umgebungstemperatur zu senken und den Energiebedarf für Kühlung zu reduzieren.

## Klimabedingungen für nachhaltiges Bauen

Einfluss von Temperatur, Niederschlag und Sonnenschein auf die Gebäudeplanung.

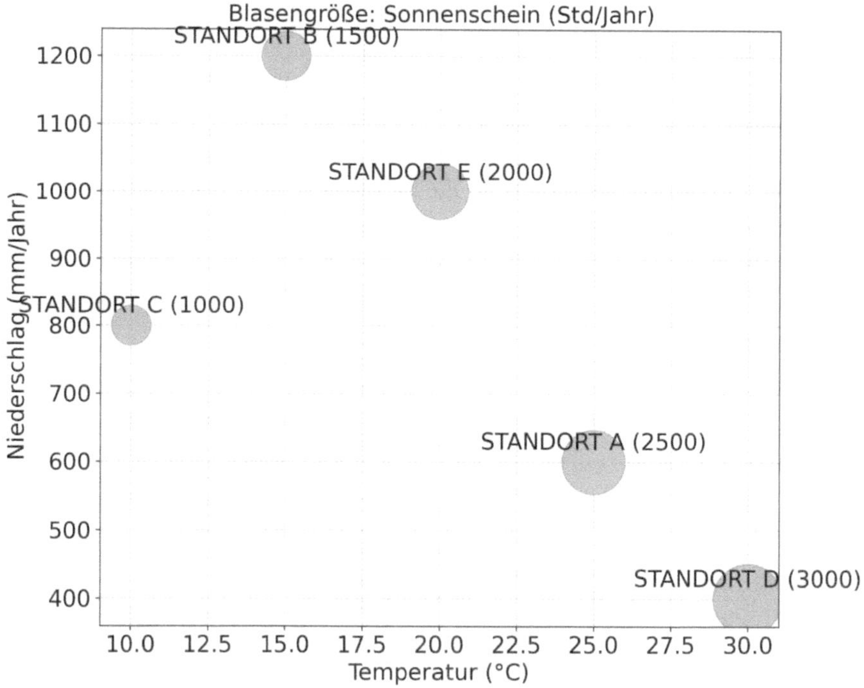


Blasengröße: Sonnenschein (Std/Jahr)

STANDORT A: Standort A

STANDORT B: Standort B

STANDORT C: Standort C

STANDORT D: Standort D

STANDORT E: Standort E

Standorte mit hohen Temperaturen und ausreichend Sonnenschein sind ideal für die Integration von Solarenergie. Gebiete mit hohem Niederschlag erfordern robuste Entwässerungssysteme und Abdichtungen. Moderate Temperaturen mit ausgewogenem Sonnenschein und Niederschlag könnten die größte Flexibilität bei der Designauswahl bieten und den Energiebedarf sowohl für Heizung als auch Kühlung minimieren.

## Infrastrukturelle Anbindung

Die infrastrukturelle Anbindung eines Grundstücks umfasst die Erreichbarkeit von Versorgungseinrichtungen und die Anbindung an das Verkehrsnetz. Wasser, Abwasser, Strom, Gas und Telekommunikation sind essenziell für die Nutzung eines Gebäudes und sollten bei der Grundstücksanalyse geprüft werden. Liegen Anschlüsse bereits am Grundstück an oder müssen sie neu verlegt werden? Die Kosten für die Erschließung können je nach Aufwand erheblich variieren. Die Anbindung an das Verkehrsnetz beeinflusst die Mobilität der Bewohner. Die Nähe zu öffentlichen Verkehrsmitteln wie Bus und Bahn reduziert die Abhängigkeit vom privaten PKW und fördert nachhaltige Mobilität. Auch die Anbindung an das Straßennetz für die individuelle Mobilität sollte betrachtet werden. Zudem ist die Erreichbarkeit von Einrichtungen der Daseinsvorsorge wie Schulen, Kindergärten, Einkaufsmöglichkeiten und medizinischer Versorgung relevant für die Lebensqualität. Ein gut angebundenes Grundstück bietet den Bewohnern kurze Wege und spart Zeit und Ressourcen. Darüber hinaus ist die Anbindung an die sogenannte urbane grüne Infrastruktur (UGI) zu berücksichtigen. Die Nähe zu Parks, Grünflächen und anderen Naherholungsgebieten trägt zur Lebensqualität bei und bietet Möglichkeiten zur Erholung und Freizeitgestaltung [s1]. Die Vernetzung dieser Grünflächen untereinander ist dabei entscheidend für ihre ökologische Funktion und ihren Wert für die Bewohner. Isolierte Grünflächen bieten weniger Lebensraum für Tiere und Pflanzen und sind für die Menschen schwerer erreichbar [s1]. Ein Grundstück in der Nähe eines gut vernetzten UGI-Netzwerks profitiert daher von den ökologischen und sozialen Vorteilen der urbanen Natur. Die Analyse der Anbindung kann helfen, Schwachstellen im UGI-Netzwerk zu identifizieren und strategische Maßnahmen zur Verbesserung der Anbindung zu entwickeln [s1]. Etwa kann die Schaffung von Grünkorridoren oder die Verbesserung der Wegeverbindungen die Erreichbarkeit von Grünflächen erhöhen und die Biodiversität fördern.

*Abwasser* [i3]

## Gut zu wissen

**Biodiversität**

Die Vielfalt an Pflanzen und Tieren in einem Gebiet. Eine hohe Biodiversität ist ein Zeichen für ein gesundes Ökosystem und trägt zur Stabilität und Widerstandsfähigkeit der Umwelt bei. Bei der Grundstücksanalyse sollte die Biodiversität berücksichtigt werden, um negative Auswirkungen des Bauprojekts auf die lokale Flora und Fauna zu minimieren und gegebenenfalls Maßnahmen zur Förderung der Biodiversität zu integrieren.

**Infrastruktur**

Die vorhandene Infrastruktur beeinflusst die Nachhaltigkeit eines Bauprojekts. Eine gute Anbindung an öffentliche Verkehrsmittel, Versorgungseinrichtungen und soziale Infrastruktur reduziert den Bedarf an individueller Mobilität und minimiert den ökologischen Fußabdruck.

# Infrastrukturelle Anbindung

Entfernungen zu Einrichtungen

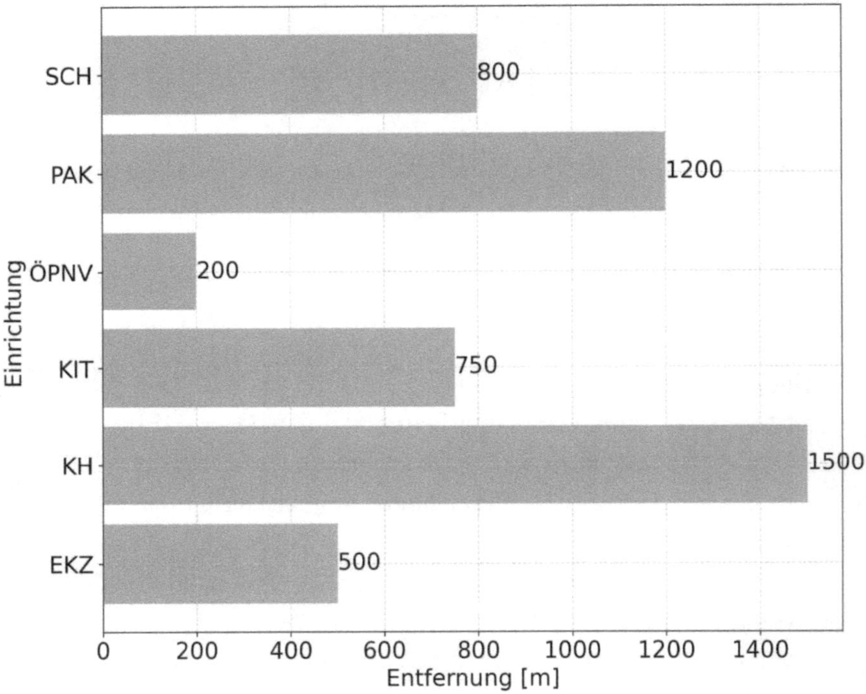


EKZ: Einkaufszentrum

KIT: Kindergarten

PAK: Park

KH: Krankenhaus

ÖPNV: Öffentlicher Verkehr

SCH: Schule

Die Nähe zu öffentlichen Verkehrsmitteln und Einkaufsmöglichkeiten deutet auf eine gute infrastrukturelle Anbindung hin, was die Notwendigkeit individueller Verkehrsmittel reduziert und die Nachhaltigkeit fördert. Die etwas größere Entfernung zum nächsten Park könnte durch die Schaffung von Grünflächen innerhalb des Bauprojekts kompensiert werden.

**Konkrete Ratschläge**

- Bewerten Sie das Mikroklima Ihres Grundstücks, indem Sie die Temperaturunterschiede zwischen sonnigen und schattigen Bereichen messen.
- Nutzen Sie die Ergebnisse, um die optimale Platzierung von Gebäuden und Bepflanzung für ein angenehmes Außenklima zu planen.
- Erstellen Sie eine detaillierte Bodenkarte Ihres Grundstücks, die über die üblichen Bodengutachten hinausgeht und auch die Humusschichtdicke und den pH-Wert berücksichtigt.
- Identifizieren Sie auf Basis dieser Karte Bereiche für Regenwassersickermulden, die gleichzeitig als Biotope dienen.
- Analysieren Sie die Topografie Ihres Grundstücks auf kleinste Höhenunterschiede und modellieren Sie den Wasserabfluss bei Starkregen.
- Planen Sie Versickerungsflächen entlang der natürlichen Abflusslinien, um Überschwemmungen vorzubeugen und das Wasser im Grundstück zu halten.
- Untersuchen Sie die Möglichkeit, das anfallende Regenwasser in einer Zisterne zu sammeln und für die Gartenbewässerung oder Toilettenspülung zu nutzen.
- Berücksichtigen Sie bei der Grundstücksanalyse die lokalen Windverhältnisse und identifizieren Sie windgeschützte Bereiche für Terrassen und Sitzplätze.
- Pflanzen Sie standortgerechte, heimische Gehölze als Windschutz, die gleichzeitig Lebensraum für Insekten und Vögel bieten.
- Dokumentieren Sie die vorhandenen Pflanzen und Tiere auf Ihrem Grundstück, um deren Bedürfnisse bei der Bauplanung zu berücksichtigen und die Biodiversität zu fördern.

## 1. 2 Bauvorhaben strukturieren

Eine strukturierte Herangehensweise an die zeitliche und finanzielle Planung ist entscheidend für den Erfolg nachhaltiger Bauvorhaben. Von der Machbarkeitsstudie bis zur Inbetriebnahme beeinflussen zahlreiche Faktoren den Projektablauf und die Kosten. Eine unzureichende Planung gefährdet nicht nur den finanziellen Rahmen, sondern auch die Erreichung der Nachhaltigkeitsziele. Die Integration von Nachhaltigkeitsaspekten in die Ablauf- und Kostenplanung erfordert eine frühzeitige Definition messbarer Kriterien und die Berücksichtigung langfristiger Kosten wie Betrieb und Rückbau. Digitale Werkzeuge wie BIM und IoT bieten Möglichkeiten zur Optimierung und präzisen Steuerung des Bauprozesses. Erfahren Sie in diesem Kapitel, wie Sie Ihr Bauvorhaben strukturieren und die Weichen für ein erfolgreiches und nachhaltiges Gebäude stellen.

*Nachhaltigkeit im Bau erfordert eine frühzeitige und durchgängige Integration von Nachhaltigkeitskriterien in die zeitliche Ablaufplanung, von den Machbarkeitsstudien bis zur Inbetriebnahme und darüber hinaus.*

## Zeitliche Ablaufplanung

Die zeitliche Ablaufplanung bildet das Rückgrat jedes Bauvorhabens und beeinflusst maßgeblich dessen Erfolg und Nachhaltigkeit. Bereits in frühen Planungsphasen, beginnend mit Machbarkeitsstudien, muss die zeitliche Dimension integriert werden, um Nachhaltigkeit über den gesamten Projektlebenszyklus sicherzustellen [s2]. Eine strukturierte Herangehensweise, die Nachhaltigkeitsaspekte von Beginn an berücksichtigt, ist für die erfolgreiche Umsetzung unerlässlich [s2]. Die Einbindung von Stakeholdern und die Durchführung von Nachhaltigkeitsstudien verbessern die Planungssicherheit [s2]. Ein einheitliches Bewertungssystem für Nachhaltigkeit in Projekten kann die Integration von Nachhaltigkeitskriterien in die Ablaufplanung zusätzlich unterstützen [s2]. Die Evaluierung der Nachhaltigkeit sollte in alle Planungsphasen integriert werden, um die Erreichung der Nachhaltigkeitsziele im gesamten Projektverlauf zu gewährleisten [s2]. In der Praxis bedeutet das unter anderem, frühzeitig klare Ziele für die Nachhaltigkeit zu definieren und diese in messbare Kriterien zu übersetzen. So könnte ein Ziel die Reduktion des $CO_2$-Ausstoßes um einen bestimmten Prozentsatz sein. Daraus ergeben sich dann konkrete Maßnahmen für die Ablaufplanung, wie die Auswahl emissionsarmer Baustoffe oder die Optimierung der Transportlogistik. Die detaillierte Bauzeitplanung im Building Information Modeling (BIM) erfordert eine hierarchisch strukturierte 3D-Modellierung [s3]. Die Planung des Arbeitsablaufs muss Ressourcenbeschränkungen und temporäre Einrichtungen auf der Baustelle berücksichtigen [s3]. Aktivitäten innerhalb der Bauzeitplanung sollten in einzelne Arbeitsoperationen unterteilt werden. Das ermöglicht eine dynamische Baustellenanordnung [s3]. 4D-BIM-Software eignet sich besonders für die Mobilisierungs- und Bauphasen, da sie dynamische Layouts erstellt, die die tatsächliche Dauer der Nutzung temporärer Einrichtungen und Geräte berücksichtigen [s3]. Die Baustellenplanung lässt sich in drei Schritte gliedern: Platzierung der temporären Einrichtungen und

Lagerflächen, Definition des Zeitplans für die Ablaufplanung und Zuweisung von Ressourcen sowie die Erstellung eines dynamischen Baustellenlayouts in der BIM-Umgebung [s3]. Jede Aktivität in der detaillierten Bauzeitplanung sollte als Arbeitsoperation dargestellt werden, um die Simulation von Maschinenbewegungen und Materialtransport zu ermöglichen [s3]. Ein Beispiel hierfür ist die detaillierte Planung der Betonage eines Fundaments, inklusive Anlieferung, Einbau und Nachbehandlung, unter Berücksichtigung der benötigten Maschinen und Arbeitskräfte. Die BIM-Technologie ermöglicht die präzise Identifizierung kritischer Punkte im Bauablauf [s4]. BIM- und GIS-basierte Management-Cloud-Plattformen verbessern die Kommunikation und Koordination im Projektmanagement [s4]. 4D-Bausimulationen visualisieren den Bauablauf dynamisch und helfen, frühzeitig Probleme zu erkennen [s4]. Die Simulation des Baustellenlayouts optimiert die Bauvorbereitung und die Effizienz der Aufgabenorganisation [s4]. Zusätzlich können IoT-Technologien die Überwachung und Verwaltung von Ausrüstung, Personal und Material auf der Baustelle unterstützen [s4]. Die frühzeitige Integration dieser digitalen Werkzeuge in die zeitliche Ablaufplanung hilft, potenzielle Konflikte zu vermeiden und die Effizienz des Bauprozesses zu steigern.

## Gut zu wissen

### Building Information Modeling

Building Information Modeling (BIM) ist eine Methode der digitalen Modellierung, die alle relevanten Informationen über ein Bauwerk in einem digitalen Modell zusammenfasst. Im Kontext nachhaltigen Bauens ermöglicht BIM die Optimierung der Planung, Ausführung und Bewirtschaftung des Gebäudes hinsichtlich seiner ökologischen, ökonomischen und sozialen Performance.

### Machbarkeitsstudie

Eine Machbarkeitsstudie im Kontext nachhaltigen Bauens untersucht, ob ein Bauvorhaben unter Berücksichtigung ökologischer, ökonomischer und sozialer Aspekte realisierbar ist. Dabei werden Faktoren wie die Verfügbarkeit nachhaltiger Materialien, die Energieeffizienz des Gebäudes und die Auswirkungen auf die Umgebung bewertet.

### Nachhaltigkeitsstudien

Nachhaltigkeitsstudien analysieren die ökologischen, ökonomischen und sozialen Auswirkungen eines Bauvorhabens. Sie helfen, die Nachhaltigkeit des Projekts zu bewerten und Maßnahmen zur Verbesserung zu identifizieren. Im Kontext der zeitlichen Ablaufplanung dienen sie dazu, Nachhaltigkeitsaspekte von Beginn an zu integrieren und die Planungssicherheit zu erhöhen.

## Kostenrahmen festlegen

Die Festlegung eines realistischen Kostenrahmens ist für Bauvorhaben unabdingbar, insbesondere wenn Nachhaltigkeitsaspekte integriert werden. Eine detaillierte Kostenplanung, die alle Phasen des Bauprozesses von der Planung über die Ausführung bis hin zum Betrieb berücksichtigt, minimiert finanzielle Risiken. Dabei sollten nicht nur die anfänglichen Investitionskosten, sondern auch die langfristigen Betriebskosten, inklusive Instandhaltung und Rückbau, in die Kalkulation einfließen [s5]. Diese Lebenszykluskostenbetrachtung verdeutlicht den langfristigen ökonomischen Nutzen nachhaltiger Bauweisen. Ein Gebäude mit hoher Energieeffizienz verursacht z.B. geringere Heizkosten über die gesamte Nutzungsdauer, was die anfänglich höheren Investitionen in Dämmung oder innovative Haustechnik kompensiert. Zudem können staatliche Förderprogramme, wie z.B. Zuschüsse für erneuerbare Energien oder Steuererleichterungen für energieeffizientes Bauen, den Kostenrahmen positiv beeinflussen und die Wirtschaftlichkeit nachhaltiger Bauweisen erhöhen [s5]. Eine frühzeitige Recherche und die Berücksichtigung dieser Fördermöglichkeiten in der Finanzplanung sind daher empfehlenswert. Darüber hinaus bietet ein flexibler Kostenrahmen die Möglichkeit, auf unvorhergesehene Ereignisse oder neue Technologien zu reagieren, ohne das gesamte Budget zu gefährden. So könnten beispielsweise im Laufe des Projekts innovative, kosteneffiziente und nachhaltige Materialien auf den Markt kommen, deren Einsatz durch einen Puffer im Budget ermöglicht wird. Eine transparente und detaillierte Kostenplanung schafft Vertrauen bei allen Beteiligten und bildet die Grundlage für eine erfolgreiche und nachhaltige Umsetzung des Bauvorhabens.

*Nachhaltige Materialien* [i4]

## Gut zu wissen

**Förderprogramme**

Förderprogramme sind staatliche oder private Initiativen, die finanzielle Unterstützung für bestimmte Projekte bieten, z.B. für den Einsatz erneuerbarer Energien oder die energetische Sanierung von Gebäuden. Im Kontext des nachhaltigen Bauens können Förderprogramme dazu beitragen, die Investitionskosten zu senken und die Wirtschaftlichkeit von nachhaltigen Maßnahmen zu verbessern.

**Investitionskosten**

Investitionskosten sind die Kosten, die für die Anschaffung oder Errichtung von langlebigen Wirtschaftsgütern, wie z.B. Gebäuden, anfallen. Im Kontext des nachhaltigen Bauens sollten die Investitionskosten in energiesparende Technologien oder nachhaltige Materialien gegen die langfristigen Einsparungen durch geringere Betriebskosten abgewogen werden.

**Lebenszykluskosten**

Die Lebenszykluskosten umfassen alle Kosten, die über den gesamten Lebenszyklus eines Gebäudes anfallen, von der Planung und dem Bau über den Betrieb und die Instandhaltung bis hin zum Rückbau und der Entsorgung. Bei nachhaltigem Bauen spielen die Lebenszykluskosten eine wichtige Rolle, da sie helfen, die langfristige Wirtschaftlichkeit von nachhaltigen Maßnahmen zu bewerten.

## Kostenaufschlüsselung für nachhaltiges Bauen

Typische Kostenverteilung für ein nachhaltiges Bauprojekt.

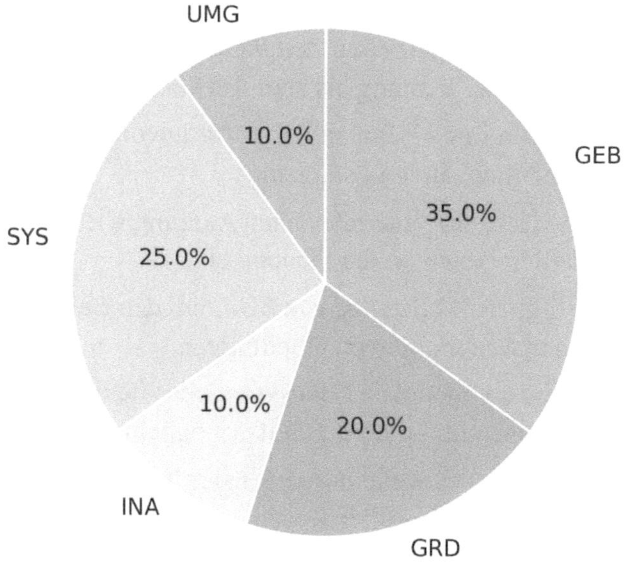


GEB: Gebäudehülle (Dach, Wände, Fenster)

GRD: Gründung und Struktur

INA: Innenausbau

SYS: Systeme (MSR)

UMG: Umgebungsarbeiten und Landschaftsbau

Diese Grafik zeigt die relative Kostenverteilung über verschiedene Gewerke in einem typischen nachhaltigen Bauprojekt. Der bedeutende Anteil für 'Gebäudehülle' unterstreicht die Wichtigkeit von Energieeffizienz und hochwertigen Baumaterialien im nachhaltigen Design. Während 'Innenausbau' einen kleineren Prozentsatz darstellt, bleibt die Priorisierung nachhaltiger Materialien und Praktiken in dieser Kategorie entscheidend für die Gesamtnachhaltigkeit des Projekts. Die Kategorie 'Systeme' betont die Notwendigkeit effizienter und integrierter Mechanik-, Elektro- und Sanitärsysteme. Die Konzentration auf diese Schlüsselbereiche gewährleistet einen ganzheitlichen Ansatz für nachhaltiges Bauen und optimiert sowohl die Umweltauswirkungen als auch langfristige Kosteneinsparungen.

**Konkrete Ratschläge**

- Definieren Sie klare Nachhaltigkeitsziele für Ihr Bauvorhaben, die über gesetzliche Vorgaben hinausgehen.
- Erstellen Sie einen detaillierten Zeitplan, der alle Phasen des Bauprojekts von der Planung bis zum Rückbau berücksichtigt.
- Integrieren Sie in Ihren Zeitplan Puffer für unvorhergesehene Ereignisse und innovative Lösungen.
- Beziehen Sie frühzeitig alle relevanten Akteure, wie Handwerker und Materiallieferanten, in die Planung ein.
- Nutzen Sie digitale Werkzeuge wie BIM, um den Bauablauf zu simulieren und Materialflüsse zu optimieren.
- Entwickeln Sie ein modulares Bausystem, das flexible Anpassungen und Erweiterungen im Laufe der Zeit ermöglicht.
- Priorisieren Sie die Verwendung regionaler und nachwachsender Baustoffe mit kurzen Transportwegen.
- Planen Sie die Wiederverwendung von Baumaterialien und den sortenreinen Rückbau von Anfang an.
- Berücksichtigen Sie den gesamten Lebenszyklus des Gebäudes, inklusive Betrieb und Rückbau, in Ihrer Kostenplanung.
- Schaffen Sie Anreize für nachhaltiges Handeln aller Beteiligten, zum Beispiel durch Bonuszahlungen.
- Dokumentieren Sie Ihren nachhaltigen Bauprozess transparent und teilen Sie Ihre Erfahrungen mit anderen.
- Überprüfen Sie regelmäßig die Erreichung Ihrer Nachhaltigkeitsziele und passen Sie Ihre Planung gegebenenfalls an.
- Feiern Sie gemeinsam mit allen Beteiligten die erreichten Meilensteine im nachhaltigen Bauen.

## Rückblick - 1. Nachhaltige Bauplanung

Nachhaltige Bauplanung ist mehr als nur ein Trend – sie ist die Grundlage für zukunftsfähiges und verantwortungsvolles Bauen. Der Weg zu einem wirklich nachhaltigen Gebäude beginnt lange vor dem ersten Spatenstich und erfordert eine ganzheitliche Betrachtungsweise, die ökologische, ökonomische und soziale Aspekte gleichermaßen berücksichtigt. Von der Standortanalyse über die Materialwahl bis hin zur Bauausführung und dem späteren Betrieb – jeder Schritt bietet die Chance, nachhaltige Prinzipien zu integrieren und so einen positiven Beitrag für Umwelt und Gesellschaft zu leisten. Dabei gilt es, die individuellen Gegebenheiten jedes Projekts zu analysieren und maßgeschneiderte Lösungen zu entwickeln.

Ein zentraler Aspekt der nachhaltigen Bauplanung ist die sorgfältige Analyse des Baugrundstücks. Berücksichtigen Sie die Bodenbeschaffenheit und die Topografie, um die optimale Platzierung des Gebäudes und die effiziente Nutzung der natürlichen Ressourcen zu gewährleisten. Ein Baugrundgutachten liefert Ihnen wertvolle Informationen über die Tragfähigkeit des Bodens und hilft Ihnen, potenzielle Risiken frühzeitig zu erkennen. Denken Sie auch an die klimatischen Bedingungen: Nutzen Sie die Sonneneinstrahlung für passive Solargewinne, minimieren Sie den Energiebedarf durch optimale Dämmung und berücksichtigen Sie das Mikroklima, um ein angenehmes Wohnklima zu schaffen. Die infrastrukturelle Anbindung spielt ebenfalls eine wichtige Rolle. Kurze Wege zu öffentlichen Verkehrsmitteln, Einkaufsmöglichkeiten und Grünflächen fördern nachhaltige Mobilität und erhöhen die Lebensqualität der Bewohner.

Die zeitliche und finanzielle Planung sind weitere Schlüsselfaktoren für den Erfolg Ihres nachhaltigen Bauprojekts. Definieren Sie frühzeitig klare Nachhaltigkeitsziele und übersetzen Sie diese in messbare Kriterien. Integrieren Sie Nachhaltigkeitsaspekte von Beginn an in Ihre Ablaufplanung und nutzen Sie digitale Werkzeuge wie Building Information Modeling (BIM), um den Bauprozess zu optimieren und potenzielle Konflikte zu vermeiden. Legen Sie einen realistischen Kostenrahmen fest, der nicht nur die Investitionskosten, sondern auch die langfristigen Betriebskosten, inklusive Instandhaltung und Rückbau, berücksichtigt. Informieren Sie sich über Förderprogramme, die Ihnen finanzielle Unterstützung bieten können.

Die Umsetzung nachhaltiger Bauplanung mag auf den ersten Blick komplex erscheinen. Doch die Herausforderungen lassen sich mit einer sorgfältigen Planung und der richtigen Herangehensweise meistern. Sehen Sie diese nicht als Hindernisse, sondern als Chancen, innovative Lösungen zu entwickeln und einen echten Mehrwert zu schaffen. Denn nachhaltiges Bauen ist nicht nur eine Investition in die Zukunft, sondern auch ein Ausdruck von Verantwortung gegenüber kommenden Generationen. Bauen Sie mit Weitblick und gestalten Sie Lebensräume, die ökologisch, ökonomisch und sozial nachhaltig sind.

# 2. Nachhaltige Architektur

Wie können wir Häuser bauen, die nicht nur heute, sondern auch in hundert Jahren noch zeitgemäß sind? Die Antwort liegt in einem ganzheitlichen Ansatz, der von der ersten Planungsskizze bis zur finalen Inbetriebnahme reicht. Moderne Architektur steht vor der Herausforderung, ästhetische Gestaltung mit ökologischer Verantwortung zu verbinden. Die intelligente Nutzung von Ressourcen und die Integration regenerativer Energiesysteme bilden dabei das Fundament zukunftsfähiger Bauwerke. In diesem Kapitel entdecken wir die Prinzipien und Methoden, die aus einer Vision greifbare Realität werden lassen.

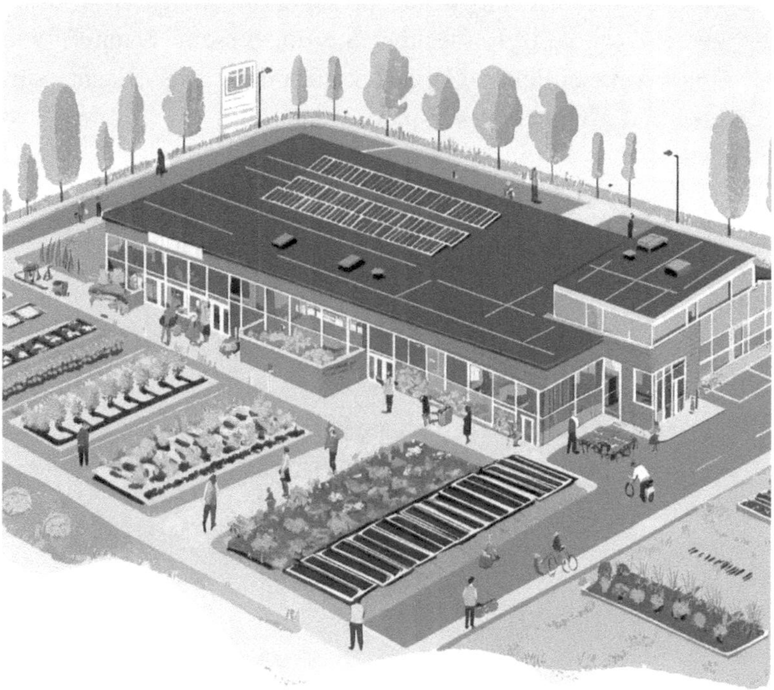

## 2. 1 Gebäudekonzeption

Die Gebäudekonzeption legt den Grundstein für nachhaltige Architektur. Bauform, Raumaufteilung und Tageslichtnutzung beeinflussen maßgeblich den Energiebedarf und das Wohlbefinden der Bewohner. Kompakte Baukörper minimieren Wärmeverluste, während eine durchdachte Raumaufteilung die Energieeffizienz und den Komfort steigert. Die optimale Nutzung von Tageslicht reduziert nicht nur den Beleuchtungsbedarf, sondern fördert auch die Gesundheit und das Wohlbefinden. Eine intelligente Gebäudekonzeption erfordert die Berücksichtigung vielfältiger Faktoren, von der Orientierung des Gebäudes zur Sonne bis zur Anordnung der Fenster. Herausforderungen liegen in der Balance zwischen Energieeffizienz, Funktionalität und Ästhetik. Dabei gilt es, innovative Lösungen zu finden, die den individuellen Bedürfnissen der Nutzer gerecht werden. Entdecken Sie in diesem Kapitel, wie Sie durch eine ganzheitliche Gebäudekonzeption die Basis für ein nachhaltiges und komfortables Zuhause schaffen.

*Im nachhaltigen Gebäudekonzept verschmelzen kompakte Bauform, optimale Gebäudeorientierung und intelligente Tageslichtnutzung zu einer energieeffizienten und behaglichen Einheit.*

## Energieeffiziente Bauform

*Erker* [i5]

*Gebäudehülle* [i6]

Die Bauform eines Gebäudes beeinflusst maßgeblich seinen Energiebedarf. Kompakte Baukörper weisen im Verhältnis zum Volumen eine geringere Außenfläche auf und minimieren so Wärmeverluste über die Gebäudehülle. Ein Kubus hat beispielsweise bei gleichem Volumen eine kleinere Oberfläche als ein langgestreckter Baukörper. Diese Reduktion der Hüllfläche verringert den Energiebedarf für Heizung im Winter und Kühlung im Sommer. Neben der Grundform spielen auch Anbauten, Erker und Vorsprünge eine Rolle. Sie vergrößern die Oberfläche und erhöhen damit den Energieverlust. Achten Sie daher auf eine möglichst kompakte Gebäudehülle, um die Energieeffizienz zu optimieren. Die Orientierung des Gebäudes zur Sonne beeinflusst ebenfalls den Energiehaushalt. Südlich ausgerichtete Fassaden erhalten mehr solare Energie, die passiv zur Raumheizung genutzt werden kann. Große Fensterflächen auf der Südseite maximieren den solaren Energiegewinn, während auf der Nordseite kleinere Fenster Wärmeverluste minimieren. Ein Überhang oder außenliegender Sonnenschutz verhindert im Sommer eine Überhitzung der Räume. Die Kombination aus kompakter Bauform und optimaler Gebäudeorientierung reduziert den Energiebedarf deutlich und trägt zu einem nachhaltigen Gebäudekonzept bei. Auch Vorbilder aus der Natur, wie die wabenförmige Struktur eines Bienenstocks, der sowohl

Stabilität als auch optimale Raumausnutzung bietet, können Inspiration für energieeffiziente Bauformen liefern. Die meisten Studien zu biomimetischen Ansätzen konzentrieren sich, wie auch bei konventionellen Ansätzen, auf die Gebäudehülle, um Umweltfaktoren wie Belüftung, Feuchtigkeit und Wärme zu steuern. Die Integration von natürlichen Prinzipien in die Planung ermöglicht innovative und nachhaltige Lösungen für die Gebäudegestaltung. Lechner, N. (2009). *Entwerfen von Häusern*. Birkhäuser. Konya, A. (2007). *Design primer for hot climates*. Architectural Press. https://www.researchgate.net/publication/359238431_Biomimicry_in_Architecture_A_State-of-the-Art_Review_on_Buildings'Performance

*Bienenwabe* [i7]

## Gut zu wissen

### Biomimetik

Biomimetik, auch bekannt als Bionik, ist ein Ansatz, der sich von der Natur inspirieren lässt, um innovative und nachhaltige Lösungen für Design und Technik zu entwickeln. In der Architektur kann dies die Verwendung von natürlichen Formen, Materialien und Prozessen bedeuten, um die Energieeffizienz, den Komfort und die Ästhetik von Gebäuden zu verbessern.

### Energieeffizienz

Energieeffizienz bei Gebäuden bedeutet, den Energiebedarf für Heizung, Kühlung, Beleuchtung und andere Funktionen zu minimieren, ohne den Komfort oder die Funktionalität zu beeinträchtigen. Dies trägt dazu bei, die Umweltbelastung zu reduzieren und Betriebskosten zu senken.

### Solarenergie

Solare Energie kann passiv durch die Gebäudeausrichtung und Fensterplatzierung genutzt werden, um Räume zu beheizen und den Bedarf an künstlicher Beleuchtung zu reduzieren. Aktive Solaranlagen, wie Solarthermie und Photovoltaik, wandeln Sonnenenergie in Wärme oder Strom um.

## Energieverbrauch vs. Gebäudeform

Auswirkung der Gebäudeform auf die Energieeffizienz.

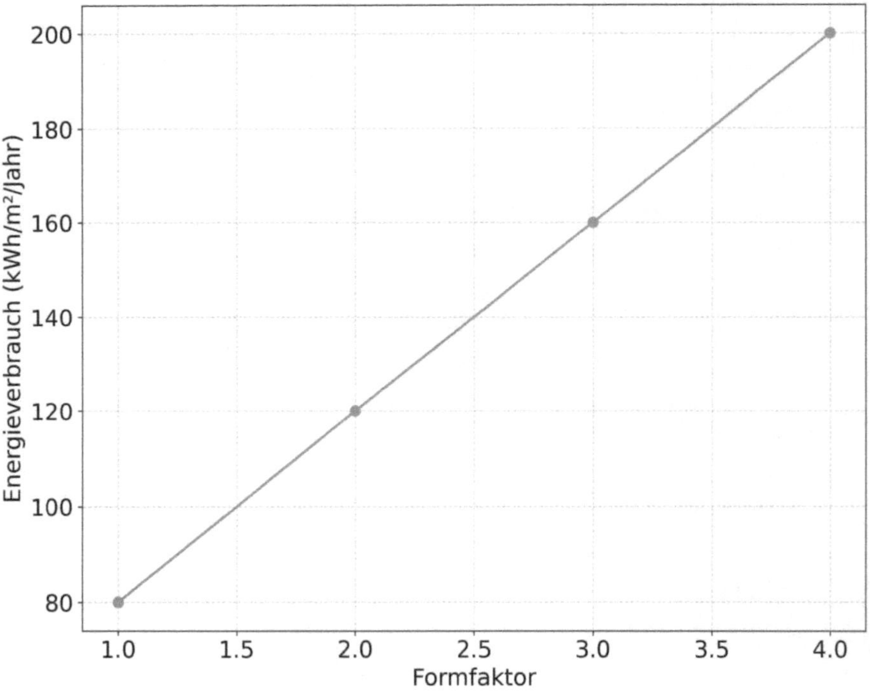


Kompakte Gebäudeformen zeigen im Allgemeinen einen geringeren Energieverbrauch aufgrund der reduzierten Oberfläche, die äußeren Elementen ausgesetzt ist. Komplexere Formen, die möglicherweise andere Vorteile bieten, tendieren zu einem erhöhten Energiebedarf für Heizung und Kühlung. Die optimale Balance hängt von den spezifischen Klimabedingungen und Designstrategien ab.

## Raumaufteilung und Orientierung

Raumaufteilung und Orientierung beeinflussen das Wohlbefinden und die Funktionalität eines Gebäudes stark. Eine durchdachte Anordnung der Räume fördert nicht nur die Lebensqualität der Bewohner, sondern trägt auch zur Energieeffizienz bei, indem unnötige Wege und damit verbundener Energieaufwand für Beleuchtung und Klimatisierung vermieden werden. Die Gestaltung sollte eine intuitive Navigation ermöglichen und die Orientierung innerhalb des Gebäudes erleichtern. Kurze Wege zwischen häufig genutzten Bereichen, wie Küche, Wohn- und Esszimmer, optimieren die Alltagsabläufe. Eine klare Zonierung – etwa die Trennung von Ruhe- und Arbeitsbereichen – unterstützt konzentriertes Arbeiten und erholsame Ruhephasen. In Mehrfamilienhäusern oder öffentlichen Gebäuden verbessern leicht auffindbare Treppenhäuser und Aufzüge die Barrierefreiheit und fördern die soziale Interaktion. Die visuelle Verbindung zwischen verschiedenen Bereichen kann die Orientierung zusätzlich verbessern. So kann ein zentraler Flur, der Einblicke in angrenzende Räume gewährt, die Navigation erleichtern. [s6] Ein durchdachtes Raumkonzept berücksichtigt auch die Bedürfnisse von Menschen mit besonderen Anforderungen. So profitieren Menschen mit Autismus-Spektrum-Störungen von einer klaren Raumstruktur und Rückzugsmöglichkeiten. [s6] Eine barrierefreie Gestaltung mit ausreichend Bewegungsflächen und gut erreichbaren Bedienelementen kommt Menschen mit körperlichen Einschränkungen zugute. Auch die Integration von altersgerechten Aspekten, wie beispielsweise schwellenlosen Übergängen und rutschfesten Bodenbelägen, steigert den Wohnkomfort und die Sicherheit für ältere Menschen. [s7] Durch die Berücksichtigung dieser Aspekte in der Planungsphase lässt sich ein Gebäude schaffen, das den Bedürfnissen aller Nutzer gerecht wird und langfristig Komfort und Funktionalität bietet.

*Aufzug* [i8]

*Treppenhaus* [i9]

## Gut zu wissen

**Altersgerecht**

Ein altersgerechtes Gebäudekonzept berücksichtigt die Bedürfnisse älterer Menschen, wie z.B. schwellenlose Übergänge, rutschfeste Böden und leicht bedienbare Armaturen, um ein sicheres und komfortables Wohnen im Alter zu ermöglichen und die Notwendigkeit späterer Umbauten zu reduzieren.

**Barrierefreiheit**

Barrierefreiheit im Gebäudekonzept bedeutet, dass alle Menschen, unabhängig von ihren körperlichen Fähigkeiten, das Gebäude uneingeschränkt nutzen können. Dies trägt zur sozialen Inklusion bei und erhöht den Wert der Immobilie.

**Zonierung**

Bei der Gebäudekonzeption hilft die Zonierung, verschiedene Bereiche nach ihrer Funktion zu trennen (z.B. Wohn-, Schlaf-, Arbeitsbereich) und so den Energiebedarf für Heizung, Kühlung und Beleuchtung zu optimieren.

## Raumaufteilung für nachhaltiges Bauen

Verteilung der Flächen innerhalb eines nachhaltigen Gebäudekonzepts.

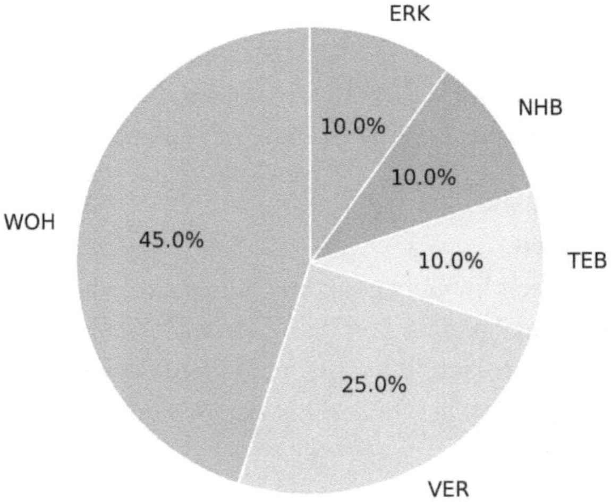


ERK: Erschließung (Flure, Treppen)

NHB: Nachhaltige Bereiche (Gründach, Solaranlagen)

TEB: Technische Bereiche (Technikraum, Lager)

VER: Gemeinschaftsbereiche (Gemeinschaftsraum, Werkstatt, Waschküche)

WOH: Wohnbereiche (Schlafzimmer, Wohnzimmer, Küche)

Der größte Teil der Fläche ist Wohnbereichen gewidmet und unterstreicht die Bedeutung komfortabler und gesunder Innenräume im nachhaltigen Design. Eine bedeutende Zuweisung zu gemeinsam genutzten Räumen fördert die Interaktion der Gemeinschaft und die Ressourceneffizienz. Während Erschließungs- und technische Bereiche essentiell sind, spiegelt ihr minimierter Fußabdruck ein optimiertes Gebäudelayout wider. Die den nachhaltigen Gebäudemerkmalen gewidmete Fläche unterstreicht das Engagement für umweltbewusstes Design und Ressourcenmanagement.

## Tageslichtnutzung

Tageslicht trägt entscheidend zur Behaglichkeit und zum Energieverbrauch eines Gebäudes bei. Durch die geschickte Anordnung und Dimensionierung von Fenstern und anderen lichtdurchlässigen Elementen lässt sich der Bedarf an künstlicher Beleuchtung deutlich senken und so Energiekosten einsparen. Fensterflächen in Südorientierung fangen die meiste Sonnenenergie ein und bieten im Winter passive Wärmegewinne [s8]. Im Sommer hingegen kann übermäßiger Solareintrag zu Überhitzung führen. Hier bieten außenliegende Sonnenschutzvorrichtungen wie Jalousien oder Rollläden Abhilfe und gewährleisten ein angenehmes Raumklima. Oberlichter, etwa in Fluren oder Treppenhäusern, reduzieren ebenfalls den Beleuchtungsbedarf und schaffen eine helle, freundliche Atmosphäre [s8]. Die Tageslichtnutzung beeinflusst aber nicht nur den Energieverbrauch, sondern auch das Wohlbefinden der Bewohner. Studien belegen, dass natürliches Licht die Konzentration fördert, Stress reduziert und die Stimmung positiv beeinflusst [s8]. Ein gut geplantes Tageslichtkonzept berücksichtigt daher sowohl energetische als auch gesundheitliche Aspekte und trägt so zu einem nachhaltigen und komfortablen Gebäude bei. Die Integration von biophilen Designelementen wie etwa begrünte Innenhöfe, die durch große Fensterflächen sichtbar sind, kann die positive Wirkung von

*Jalousien* [i10]

*Oberlichter* [i11]

Tageslicht zusätzlich verstärken und den Nutzern ein naturnahes Raumgefühl vermitteln [s8]. So können etwa Büroräume mit großen Fenstern und Blick ins Grüne die Produktivität der Mitarbeiter steigern und gleichzeitig den Energieverbrauch für künstliche Beleuchtung minimieren.

*Sonnenschutzvorrichtungen* [i12]

## Gut zu wissen

**Biophile Designelemente**

Gestaltungselemente, die die Verbindung des Menschen mit der Natur in der gebauten Umgebung fördern. Beispiele hierfür sind begrünte Wände, Wasserelemente oder die Verwendung natürlicher Materialien. Sie tragen zur Verbesserung des Wohlbefindens und der Gesundheit bei.

**Solareintrag**

Die Menge an Sonnenenergie, die durch Fenster und andere transparente Bauteile in ein Gebäude gelangt. Ein wichtiger Faktor für die passive Solarheizung im Winter, kann aber im Sommer zu Überhitzung führen und muss durch geeignete Maßnahmen reguliert werden.

**Sonnenschutzvorrichtungen**

Elemente wie Jalousien, Rollläden, Markisen oder Screens, die dazu dienen, den Solareintrag in ein Gebäude zu kontrollieren und Überhitzung zu vermeiden. Sie tragen dazu bei, den Kühlbedarf zu reduzieren und ein angenehmes Raumklima zu gewährleisten.

## Tageslichtautonomie im Gebäudedesign

Beleuchtungsstärke nach Raumtyp

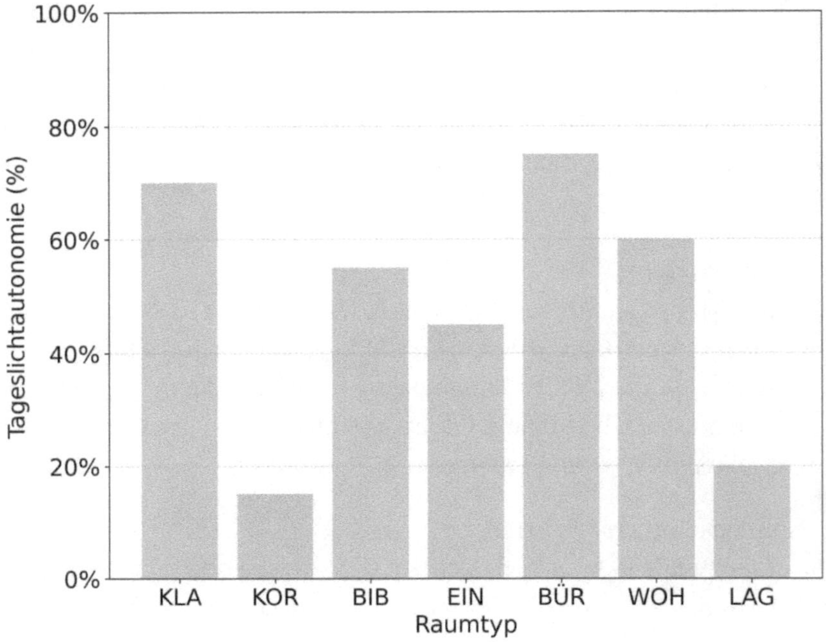


BIB: Bibliothek

BÜR: Büro

EIN: Eingangsbereich

KLA: Klassenzimmer

KOR: Korridor

LAG: Lager

WOH: Wohnbereich

Diese Grafik zeigt die unterschiedliche Tageslichtautonomie in verschiedenen Raumtypen. Bereiche wie Büros und Klassenzimmer weisen eine hohe Tageslichtautonomie auf, was auf effektive Designstrategien für die Nutzung von natürlichem Licht hinweist. Im Gegensatz dazu zeigen Bereiche wie Lagerräume und Korridore eine geringere Autonomie, was auf einen potenziellen Bedarf an verstärkter Tageslichtnutzung oder optimierten künstlichen Beleuchtungslösungen hinweist. Die Daten unterstreichen die Bedeutung der Berücksichtigung von Raumfunktion und Belegungsmustern bei der Planung der Tageslichtnutzung, um den Energieverbrauch zu minimieren und das Wohlbefinden der Nutzer zu verbessern.

**Konkrete Ratschläge**

- Denken Sie bei der Gebäudekonzeption an die Integration von vertikalen Gärten an Fassaden, um die Wärmedämmung zu verbessern und die Luftqualität zu steigern.
- Entwerfen Sie flexible Raumstrukturen, die sich durch mobile Trennwände leicht an veränderte Bedürfnisse anpassen lassen.
- Planen Sie Gemeinschaftsräume und Dachterrassen ein, um die soziale Interaktion der Bewohner zu fördern und die Flächennutzung zu optimieren.
- Nutzen Sie die Gebäudehülle als Energiegewinnungsfläche, indem Sie Photovoltaik-Module in die Fassade oder das Dach integrieren.
- Überlegen Sie, wie Sie natürliche Belüftungssysteme durch Windfänger oder Kamineffekte in die Gebäudekonzeption einbinden können.
- Setzen Sie auf innovative Materialien wie Lehm oder Hanf, die ein gesundes Raumklima schaffen und den ökologischen Fußabdruck reduzieren.
- Entwickeln Sie ein Konzept zur Regenwasseraufbereitung und -nutzung im Gebäude, beispielsweise für die Bewässerung von Innenraumbegrünung.
- Integrieren Sie Komposttoiletten in Ihr Gebäudekonzept, um den Wasserverbrauch zu minimieren und Nährstoffe zurückzugewinnen.
- Planen Sie Räume für Urban Farming ein, um den Bewohnern die Möglichkeit zu geben, eigene Lebensmittel anzubauen.
- Berücksichtigen Sie die Möglichkeit, ein Gründach mit Photovoltaik-Modulen zu kombinieren, um die Energiegewinnung zu maximieren.

## 2. 2 Materialauswahl

Die Materialauswahl beeinflusst maßgeblich die ökologische und ökonomische Bilanz eines Gebäudes. Langlebigkeit, Regionalität, Recyclingfähigkeit und Emissionen der Baustoffe sind entscheidende Faktoren für nachhaltiges Bauen. Falsche Entscheidungen können zu erhöhtem Ressourcenverbrauch, gesundheitlichen Belastungen und unnötigen Kosten führen. Dieses Kapitel untersucht die wichtigsten Kriterien für eine ökologisch sinnvolle Materialauswahl und beleuchtet die damit verbundenen Herausforderungen. Es zeigt, wie durch die richtige Wahl von Baustoffen der ökologische Fußabdruck eines Gebäudes minimiert und gleichzeitig dessen Wert gesteigert werden kann. Entdecken Sie, wie Sie mit der richtigen Materialauswahl einen entscheidenden Beitrag zu nachhaltiger Architektur leisten.

*Für nachhaltiges Bauen ist die ganzheitliche Betrachtung des Material-Lebenszyklus entscheidend, von der Gewinnung über die Nutzung bis zur Entsorgung bzw. Wiederverwertung.*

## Ökologische Baustoffe

Ökologische Baustoffe zeichnen sich durch ihre geringe Umweltbelastung über den gesamten Lebenszyklus aus – von der Gewinnung der Rohstoffe über die Herstellung und Nutzung bis hin zum Rückbau und der Entsorgung. Dabei spielen verschiedene Faktoren eine Rolle. Die Auswahl sollte die Langlebigkeit und Widerstandsfähigkeit der Materialien berücksichtigen, um den Ressourcenverbrauch zu minimieren und die Lebensdauer des Gebäudes zu maximieren [s9]. Ein langlebiges Dach aus regional gewonnenem Schiefer beispielsweise kann über Generationen halten und benötigt weniger Reparaturen und Ersatz als andere Materialien. Auch die Möglichkeit der Demontage und Wiederverwendung von Bauteilen am Ende des Lebenszyklus ist ein wichtiges Kriterium für ökologisches Bauen [s9]. So können Materialien sortenrein getrennt und in neuen Bauprojekten eingesetzt werden, was den Bedarf an neuen Ressourcen reduziert. Die Regionalität der Baustoffe beeinflusst die Transportwege und damit den CO2-Ausstoß. Kurze Transportwege verringern die Umweltbelastung und fördern die lokale Wirtschaft [s9]. Recycling spielt ebenfalls eine entscheidende Rolle. Durch die Wiederverwertung von Baustoffen wird der Bedarf an neuen Rohstoffen reduziert und gleichzeitig die Abfallmenge minimiert [s9]. Ein Beispiel dafür ist die Verwendung von recyceltem Beton als Zuschlagstoff für neuen Beton. Die Emissionen von Baustoffen, sowohl bei der Herstellung als auch während der Nutzung, können die Gesundheit der Bewohner beeinträchtigen [s9].

*Demontage* [i13]

*Schiefer* [i14]

Die Auswahl emissionsarmer Materialien trägt zu einem gesunden Raumklima bei. Holz etwa hat im Vergleich zu Stahl oder Beton ein geringeres globales Erwärmungspotenzial [s10]. Stahl wiederum schneidet im Vergleich zu einigen anderen Materialien ebenfalls positiv ab [s10]. Die Lebenszykluskosten, die neben den Anschaffungskosten auch die Kosten für Instandhaltung, Rückbau und Entsorgung umfassen, sind ein weiterer wichtiger Aspekt bei der Bewertung der ökologischen Bilanz von Baustoffen [s9]. Eine Lebenszyklusanalyse (LCA) kann dabei helfen, die Umweltauswirkungen verschiedener Materialien über ihren gesamten Lebenszyklus zu vergleichen und fundierte Entscheidungen zu treffen [s9] [s10]. Dabei werden die Auswirkungen in verschiedenen Phasen, von der Rohstoffgewinnung über den Transport bis zur Entsorgung, analysiert [s10]. So können Sie die Materialauswahl optimieren und die Nachhaltigkeitsziele Ihres Bauprojekts erreichen.

## Ökobilanz von Baustoffen

Vergleich der Umweltwirkung verschiedener Baustoffe.

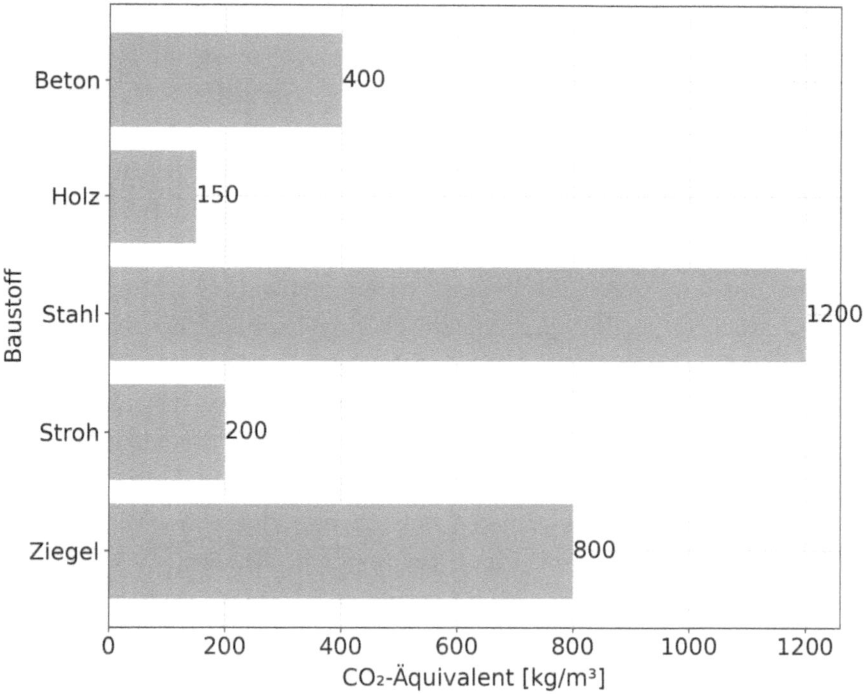


BET: Beton

HOL: Holz

STA: Stahl

STR: Stroh

ZIE: Ziegel

Das horizontale Balkendiagramm veranschaulicht die Umweltwirkung verschiedener Baustoffe anhand ihrer Treibhausgasemissionen. Holz und Stroh zeichnen sich durch deutlich geringere Emissionen aus, während Beton und Stahl einen höheren ökologischen Fußabdruck aufweisen. Die Wahl des Baumaterials hat somit erheblichen Einfluss auf die Nachhaltigkeit eines Bauprojekts.

## Regionale Materialien

Regionale Baustoffe verkürzen Transportwege, was den $CO_2$-Ausstoß und die Umweltbelastung insgesamt mindert [s11]. Gleichzeitig stärkt die Verwendung ortsnaher Ressourcen die lokale Wirtschaft. Allerdings ist die Verfügbarkeit regionaler Materialien entscheidend für deren Einsatz und muss im Kontext der jeweiligen Projektanforderungen betrachtet werden [s11]. So kann beispielsweise ein Bauvorhaben in einer waldreichen Gegend von der Nutzung heimischer Holzarten profitieren, während in anderen Regionen Naturstein oder Lehmvorkommen die Materialwahl prägen. Entscheidend ist eine frühzeitige Analyse der regional verfügbaren Ressourcen und deren Eignung für das geplante Bauprojekt. Eine solche Analyse sollte die spezifischen Materialeigenschaften, die benötigten Mengen und die logistischen Möglichkeiten der Beschaffung berücksichtigen. Durch eine gezielte Planung und Auswahl können regionale Materialien einen wichtigen Beitrag zur Nachhaltigkeit im Bauwesen leisten. Die Rohstoffbeschaffung stellt häufig die Phase mit den größten Umweltauswirkungen im Lebenszyklus eines Materials dar [s12]. Die bewusste Entscheidung für regionale Materialien kann diese Auswirkungen durch die Minimierung der Transportwege deutlich reduzieren. Zusätzlich können durch die Auswahl regionaler Materialien positive soziale und kulturelle Effekte erzielt werden [s13], die über die reine Umweltbilanz hinausgehen und zur regionalen Identität und Wertschöpfung beitragen. Um die Entscheidungsfindung bei der Materialauswahl zu optimieren, können spezifische Tools und Methoden eingesetzt werden [s13]. So kann beispielsweise der Analytische Hierarchieprozess (AHP) helfen, die Vielzahl an Kriterien, wie Regionalität, Recyclingfähigkeit und Emissionswerte, systematisch zu bewerten und eine fundierte Auswahl zu treffen [s13].

*Umweltbelastung* [i15]

## Gut zu wissen

**Analytische Hierarchieprozess**
Der Analytische Hierarchieprozess (AHP) ist eine Methode zur Strukturierung und Bewertung komplexer Entscheidungsprobleme. Im Kontext der Materialauswahl kann der AHP verwendet werden, um verschiedene Kriterien wie Kosten, Umweltverträglichkeit und technische Eigenschaften zu gewichten und die optimale Lösung zu finden.

**Umweltbelastung**
Die Umweltbelastung durch Baustoffe umfasst neben dem CO2-Ausstoß auch Faktoren wie den Verbrauch von Ressourcen, die Belastung von Gewässern und Böden sowie die Auswirkungen auf die Biodiversität. Bei der nachhaltigen Materialauswahl sollten Baustoffe mit möglichst geringer Umweltbelastung bevorzugt werden.

## Regionale Materialien für nachhaltiges Bauen

Verfügbarkeit, Kosten und Transportentfernung regionaler Baumaterialien.

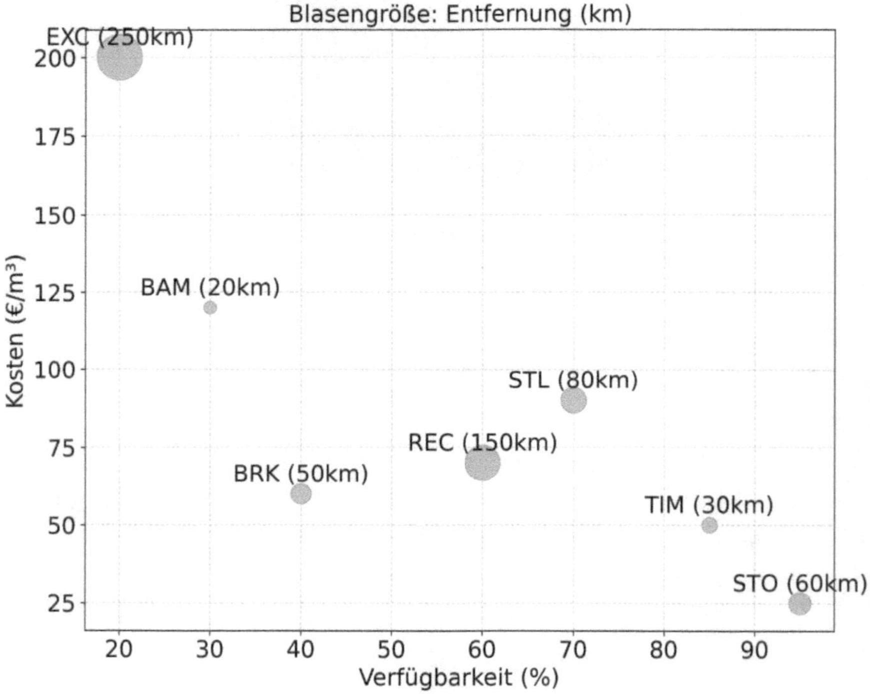


Blasengröße: Entfernung (km)

BAM: Bambus (importiert)

BRK: Ziegel (lokal)

EXC: Exotisches Holz

REC: Recycling-Beton

STL: Stahl (recycelt)

STO: Stein (regional)

TIM: Holz (lokal)

Die Grafik zeigt einen Kompromiss zwischen Materialverfügbarkeit, Kosten und Transportentfernung. Materialien mit hoher Verfügbarkeit haben tendenziell niedrigere Kosten, können aber unterschiedliche Transportentfernungen aufweisen. Umgekehrt können einige knappe Materialien trotz lokaler Beschaffung teuer sein. Die Optimierung der Materialauswahl erfordert eine Ausbalancierung dieser Faktoren, um Umweltauswirkungen und Baukosten zu minimieren.

## Wiederverwertbare Komponenten

Wiederverwertbare Komponenten gewinnen im nachhaltigen Bauen zunehmend an Bedeutung. Der Fokus liegt dabei auf der Rückführung von Baustoffen in den Wertstoffkreislauf am Ende ihrer Nutzungsdauer. Dies reduziert den Bedarf an neuen Rohstoffen und minimiert den Abfall, ganz im Sinne der Abfallvermeidung im Bauprozess [s14]. Neben der reinen Wiederverwertbarkeit spielen weitere Aspekte eine wichtige Rolle bei der Auswahl geeigneter Komponenten. Die sortenreine Trennbarkeit von Materialien ist entscheidend, um eine hochwertige Wiederverwertung zu ermöglichen. Ein Gebäude, dessen Struktur aus sortenrein demontierbaren Elementen besteht, wie z.B. Stahlträgern und Holzbalken, erleichtert den Rückbau und die spätere Wiederverwendung der einzelnen Bestandteile. Die Wartungsfreundlichkeit der Komponenten beeinflusst ebenfalls deren Lebensdauer und somit die Möglichkeit der Wiederverwendung [s15]. Regelmäßige Instandhaltung kann die Lebensdauer von Bauteilen verlängern und so den Bedarf an Ersatz reduzieren. Auch das Upcycling-Potenzial von Materialien sollte berücksichtigt werden [s15]. Anstatt Materialien nach ihrer Nutzungsphase lediglich zu recyceln,

*Stahlträger* [i16]

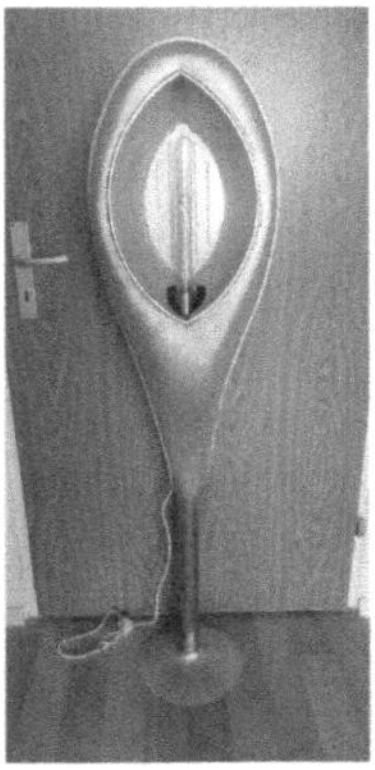

*Upcycling* [i17]

können sie durch Upcycling zu höherwertigen Produkten aufgewertet werden. So lassen sich beispielsweise alte Holzdielen zu neuen Möbelstücken verarbeiten. Neben der stofflichen Verwertung spielt auch die Energie-Rückgewinnbarkeit eine Rolle [s15]. Materialien, die am Ende ihrer Lebensdauer energetisch verwertet werden können, tragen zur Reduktion des Energiebedarfs bei. Schließlich ist die biologische Abbaubarkeit bestimmter Komponenten ein weiterer Faktor, der im Kontext der Nachhaltigkeit zu berücksichtigen ist [s15]. Biologisch abbaubare Materialien können am Ende ihres Lebenszyklus kompostiert werden und dienen so als Nährstofflieferant für neue Pflanzen. Durch die Berücksichtigung dieser Kriterien – von der sortenreinen Trennbarkeit über die Wartungsfreundlichkeit bis hin zur biologischen Abbaubarkeit – lässt sich der Kreislaufgedanke im Bauwesen effektiv umsetzen und ein Beitrag zur Ressourcenschonung leisten.

## Gut zu wissen

**Komponenten**

Komponenten im nachhaltigen Bauen sind einzelne Bestandteile eines Gebäudes, die so gestaltet und ausgewählt werden, dass sie die Prinzipien der Nachhaltigkeit unterstützen. Diese Komponenten können aus verschiedenen Materialien bestehen und unterschiedliche Funktionen erfüllen, von tragenden Elementen bis hin zu Dämmstoffen oder Fassadenelementen. Die Auswahl nachhaltiger Komponenten berücksichtigt Aspekte wie die Wiederverwendbarkeit, die Recyclingfähigkeit, die Energieeffizienz und die Umweltverträglichkeit der Materialien.

**sortenrein**

Sortenrein im Zusammenhang mit Baustoffen bedeutet, dass die Materialien sortenrein getrennt und sortenrein gesammelt werden können, um eine sortenreine Wiederverwertung zu ermöglichen. Dies ist wichtig, um die Qualität des recycelten Materials zu gewährleisten und den Aufwand für die sortenreine Trennung zu minimieren. Sortenreine Baustoffe erleichtern den Rückbau und die Wiederverwertung und tragen so zur Ressourcenschonung bei.

## Recyclingfähigkeit von Baumaterialien

Visualisierung der Materialrecyclingfähigkeit für nachhaltiges Bauen.

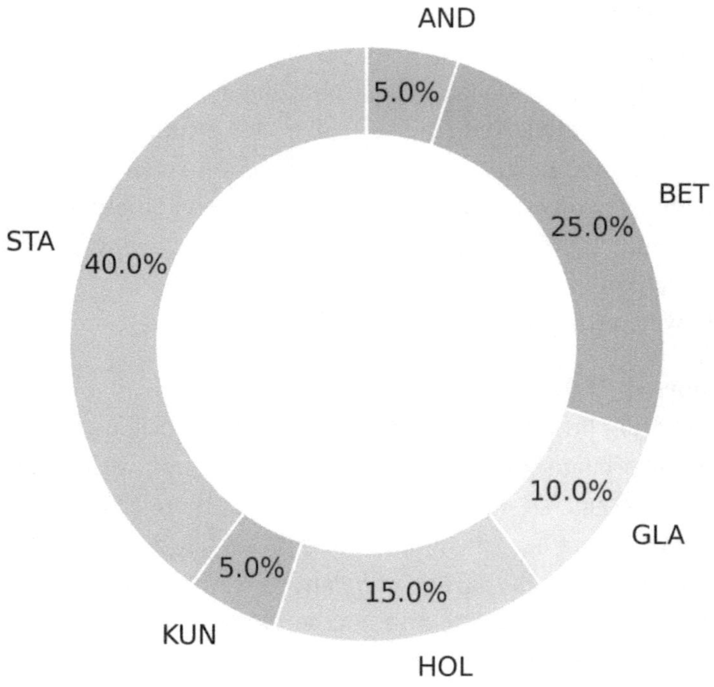


AND: Andere

BET: Beton

GLA: Glas

HOL: Holz

KUN: Kunststoff

STA: Stahl

Die Grafik zeigt die unterschiedlichen Recyclinggrade gängiger Baumaterialien. Ein erheblicher Anteil der Materialien bietet ein hohes Recyclingpotenzial, was auf Möglichkeiten zur Kreislaufwirtschaft im Bausektor hinweist. Das Vorhandensein von Materialien mit geringerer Recyclingfähigkeit unterstreicht jedoch die Notwendigkeit einer sorgfältigen Materialauswahl und der Entwicklung verbesserter Recyclingprozesse für einen wirklich nachhaltigen Bausektor.

**Konkrete Ratschläge**

- Hinterfragen Sie die Notwendigkeit jedes einzelnen Materials und suchen Sie nach Alternativen mit geringerer Umweltbelastung.
- Erstellen Sie eine Materialbibliothek mit Mustern nachhaltiger Werkstoffe und deren Eigenschaften, um die Auswahl zu erleichtern.
- Besuchen Sie Abbruchbaustellen und retten Sie brauchbare Materialien für Ihr Projekt, um Ressourcen zu schonen und Kosten zu sparen.
- Organisieren Sie einen Workshop mit lokalen Handwerkern, um traditionelle Bauweisen und regionale Materialien kennenzulernen.
- Experimentieren Sie mit innovativen Kombinationen von Materialien, um neue ästhetische und funktionale Lösungen zu finden.
- Prüfen Sie die Möglichkeit, Materialien zu mieten oder zu leasen, anstatt sie zu kaufen, um Ressourcen zu schonen.
- Beziehen Sie die zukünftigen Nutzer in die Materialauswahl ein, um deren Bedürfnisse und Präferenzen zu berücksichtigen.
- Nutzen Sie Online-Plattformen und Datenbanken, um Informationen über nachhaltige Materialien und Lieferanten zu finden.
- Lassen Sie die Umweltauswirkungen der gewählten Materialien durch eine unabhängige Stelle überprüfen.
- Erstellen Sie ein Materialauswahl-Dokument, das die Entscheidungsgründe für jedes Material transparent darstellt.
- Achten Sie auf die Zertifizierung von nachhaltigen Materialien, um deren ökologische Qualität sicherzustellen.

## 2. 3 Energieversorgung

Energieversorgung ist ein zentraler Aspekt nachhaltiger Architektur. Sie beeinflusst maßgeblich den Komfort, die Betriebskosten und die Umweltbilanz eines Gebäudes. Die Wahl der richtigen Dämmmaterialien, regenerativen Energiesysteme und Speichertechnologien stellt Planer und Bauherren vor vielfältige Herausforderungen. Eine unzureichende Planung kann zu hohen Energiekosten, mangelndem Komfort und einer negativen Umweltbilanz führen. Dieses Kapitel beleuchtet die verschiedenen Möglichkeiten der Energieversorgung für nachhaltige Häuser, von der Wärmedämmung über regenerative Energien bis hin zu innovativen Speichertechnologien. Es werden die jeweiligen Vor- und Nachteile der verschiedenen Systeme und Materialien analysiert, um eine fundierte Entscheidungsgrundlage zu schaffen. Lesen Sie weiter und entdecken Sie, wie Sie Ihr Haus energieeffizient und nachhaltig gestalten können.

*Die Kombination verschiedener Maßnahmen zur Energieeinsparung – wie Wärmedämmung, regenerative Energien und intelligente Speichertechnologien – ermöglicht die Realisierung energieeffizienter und komfortabler Gebäude und trägt wesentlich zur Nachhaltigkeit bei.*

## Wärmedämmkonzepte

Wärmedämmung reduziert den Energiebedarf für Heizung und Kühlung und steigert den Wohnkomfort. Ein gut gedämmtes Gebäude benötigt weniger Energie, um die gewünschte Innentemperatur zu halten, was zu niedrigeren Energiekosten führt [s16]. Die Dämmung wirkt wie eine Barriere gegen Wärmeverlust im Winter und Wärmeaufnahme im Sommer. Dabei spielen verschiedene Dämmmaterialien und -methoden eine Rolle. Zu den gängigen Dämmstoffen zählen etwa Mineralwolle, Polystyrol und Zellulose. Diese Materialien unterscheiden sich in ihren Dämmwerten (U-Wert), ihrer Umweltverträglichkeit und ihren Kosten. Ein niedriger U-Wert bedeutet eine bessere Dämmwirkung. Bei der Auswahl des passenden Dämmmaterials sollten neben den Kosten auch die baulichen Gegebenheiten und die gewünschte Dämmwirkung berücksichtigt werden. Neben der Materialwahl ist die richtige Ausführung der Dämmung entscheidend. Wärmebrücken, also Stellen mit erhöhtem Wärmeverlust, sollten vermieden werden. Dies kann durch eine lückenlose und fachgerechte Verlegung der Dämmung erreicht werden. Eine durchgehende Dämmschicht an Außenwänden, Dach und Kellerdecke minimiert Wärmeverluste und verbessert die Energieeffizienz des Gebäudes. Auch die Dämmung von Fenstern und Türen trägt zur Reduzierung des Energieverbrauchs bei. Doppelt- oder Dreifachverglaste Fenster mit niedrigem U-Wert und gut gedämmte Türrahmen minimieren Wärmeverluste und verbessern den Schallschutz. Die Kombination verschiedener Dämmmaßnahmen führt zu einem optimalen Ergebnis.

*Mineralwolle* [i18]

Bei der Planung eines Wärmedämmkonzepts ist eine umfassende Betrachtung des Gebäudes notwendig. Die Dämmung der Gebäudehülle ist ein wichtiger Schritt zur Energieeinsparung. Zusätzlich können weitere Maßnahmen wie der Einbau einer effizienten Heizungsanlage oder die Nutzung erneuerbarer Energien die Energiebilanz des Gebäudes verbessern [s16]. Eine Wärmepumpe etwa nutzt Umgebungswärme zum Heizen und kann den Energiebedarf deutlich senken. Auch die Installation einer Photovoltaikanlage zur Stromerzeugung trägt zur Reduzierung der Energiekosten und zur Verbesserung der Umweltbilanz bei. Durch die Kombination verschiedener Maßnahmen lässt sich ein ganzheitliches Energiekonzept erstellen, das sowohl ökonomisch als auch ökologisch sinnvoll ist. Dabei sollten die individuellen Bedürfnisse und die baulichen Gegebenheiten des Gebäudes berücksichtigt werden. Ein gut geplantes und umgesetztes Wärmedämmkonzept steigert nicht nur den Wohnkomfort und senkt die Energiekosten, sondern trägt auch zum Klimaschutz bei. Ein Beispiel für eine effektive Dämmmaßnahme ist die Dämmung der obersten Geschossdecke. Gerade in älteren Gebäuden ohne gedämmtes Dach geht über die oberste Geschossdecke

*Photovoltaikanlage* [i19]

viel Wärme verloren. Eine nachträgliche Dämmung mit Mineralwolle oder anderen geeigneten Dämmstoffen kann diesen Wärmeverlust deutlich reduzieren und so die Energieeffizienz des Gebäudes verbessern. Die Dämmung der obersten Geschossdecke ist oft eine vergleichsweise einfache und kostengünstige Maßnahme mit einem hohen Einsparpotenzial. Sie kann sowohl im Neubau als auch in der Sanierung umgesetzt werden. Bei der Sanierung ist es besonders wichtig, die Dämmung an die bestehenden Gegebenheiten anzupassen und Wärmebrücken zu vermeiden. Die Wahl des richtigen Wärmedämmkonzepts hängt von verschiedenen Faktoren ab, darunter die Art des Gebäudes, das Budget und die gewünschten Energieeinsparungen. Eine professionelle Beratung durch einen Energieberater kann helfen, das optimale Konzept zu entwickeln und die passenden Dämmmaßnahmen auszuwählen. Ein Energieberater kann die individuellen Gegebenheiten des Gebäudes analysieren und ein maßgeschneidertes Konzept erstellen, das sowohl den energetischen als auch den wirtschaftlichen Aspekten gerecht wird. Eine Investition in eine gute Wärmedämmung zahlt sich langfristig durch geringere Energiekosten und einen höheren Wohnkomfort aus.

## Gut zu wissen

**Mineralwolle**

Mineralwolle ist ein Dämmstoff, der aus geschmolzenem Gestein oder Glas hergestellt wird. Sie ist nicht brennbar, dämmt gut und ist relativ kostengünstig.

**Photovoltaikanlage**

Eine Photovoltaikanlage wandelt Sonnenlicht direkt in elektrische Energie um. Sie trägt zur nachhaltigen Energieversorgung eines Gebäudes bei und reduziert die Abhängigkeit vom öffentlichen Stromnetz.

**Polystyrol**

Polystyrol, auch bekannt als Styropor, ist ein kostengünstiger Dämmstoff aus Kunststoff. Er ist leicht, dämmt gut, aber brennbar.

**Wärmebrücke**

Wärmebrücken sind Bereiche in der Gebäudehülle, durch die aufgrund von Material- oder Konstruktionsbesonderheiten übermäßig viel Wärme verloren geht. Sie entstehen beispielsweise an Fensteranschlüssen oder Balkonen und können zu Schimmelbildung und erhöhten Heizkosten führen.

**Wärmepumpe**

Eine Wärmepumpe nutzt die in der Umgebung vorhandene Wärme (z.B. aus Luft, Wasser oder Erdreich), um Gebäude zu heizen oder Warmwasser zu erzeugen. Sie ist eine energieeffiziente Alternative zu herkömmlichen Heizsystemen.

## Dämmdicke vs. U-Wert

Zusammenhang zwischen Dämmdicke und U-Wert.

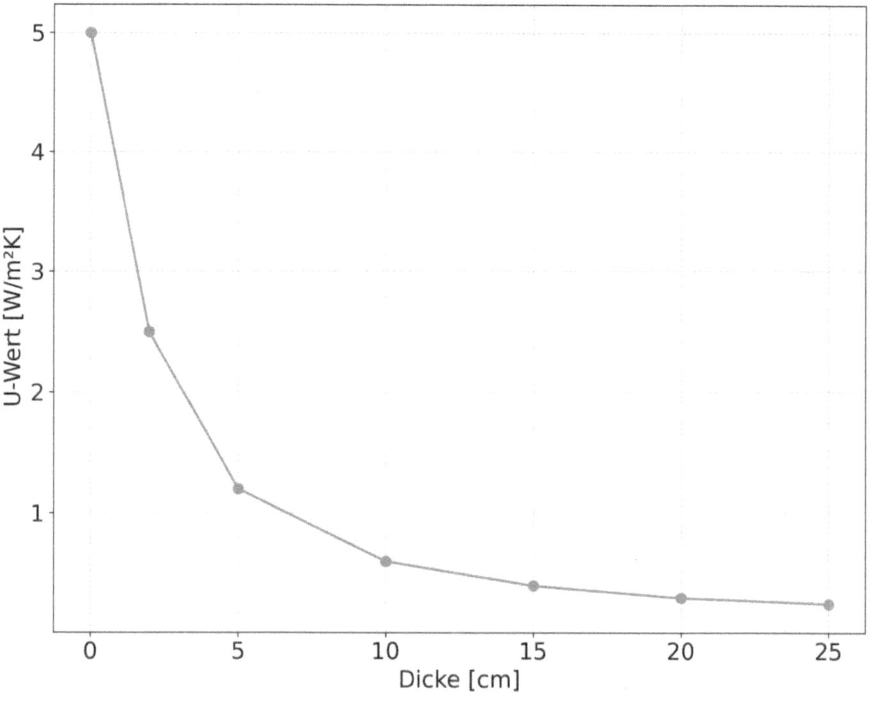


Eine Zunahme der Dämmdicke reduziert den U-Wert erheblich, was zu einer verbesserten Wärmedämmung und einem geringeren Energieverbrauch führt. Bei größeren Dicken zeigt sich ein abnehmender Grenznutzen, was auf einen optimalen Punkt für die Kosteneffizienz hindeutet.

# Regenerative Energiesysteme

Regenerative Energiesysteme nutzen natürliche, sich stetig erneuernde Energiequellen und wandeln diese in nutzbare Energie um. Die Systeme lassen sich in verschiedene Kategorien einteilen:
- Solarenergie durch Photovoltaik und Solarthermie
- Windenergie mittels Kleinwindanlagen
- Erdwärme durch oberflächennahe Geothermie
- Biomasse in Form von Holzpellets oder Hackschnitzeln
- Umgebungswärme für waermepumpen

Für Eigenheimbesitzer bietet sich die Kombination mehrerer regenerativer Systeme an. Eine Photovoltaikanlage auf dem Dach produziert Strom, der den Betrieb einer Wärmepumpe ermöglicht. Die Wärmepumpe nutzt die kostenlose Umgebungswärme aus Luft, Erde oder Grundwasser und wandelt sie in Heizenergie um. Mit einem Stromspeicher lässt sich der selbst erzeugte Solarstrom auch nachts nutzen. Die Planung eines regenerativen Energiesystems beginnt mit einer Analyse des Energiebedarfs. Ein durchschnittlicher 4-Personen-Haushalt verbraucht jährlich etwa 4.000 Kilowattstunden Strom und 20.000 Kilowattstunden Heizenergie. Anhand dieser Werte lässt sich die benötigte Anlagengröße ermitteln. Eine 10 Kilowatt-Peak Photovoltaikanlage erzeugt in Mitteleuropa circa 10.000 Kilowattstunden Strom pro Jahr. Die Wirtschaftlichkeit hängt von mehreren Faktoren ab: Investitionskosten, Energiepreise, staatliche Förderungen und Einspeisevergütungen. Eine Photovoltaikanlage mit Batteriespeicher kostet aktuell zwischen 15.000 und 25.000 Euro. Die Amortisationszeit beträgt meist 8 bis 12 Jahre. Luft-Wasser-Wärmepumpen sind ab 12.000 Euro erhältlich, Erdwärmepumpen ab 20.000 Euro. Für die optimale Auslegung sollten Fachplaner hinzugezogen werden. Sie berücksichtigen die örtlichen Gegebenheiten wie Dachausrichtung, Verschattung oder Bodenbeschaffenheit. Ein Energieberater erstellt ein Gesamtkonzept und prüft

Fördermöglichkeiten. Die KfW-Bank und das BAFA bieten attraktive Zuschüsse für regenerative Energiesysteme. Die Installation erfordert qualifizierte Fachbetriebe. Bei Photovoltaikanlagen müssen Statik, Blitzschutz und elektrische Anschlüsse geprüft werden. Wärmepumpen benötigen eine präzise Dimensionierung der Wärmequelle. Erdwärmesonden erfordern eine wasserrechtliche Genehmigung und geologische Untersuchungen. Der Betrieb regenerativer Systeme verlangt regelmäßige Wartung. Photovoltaikmodule sollten jährlich gereinigt werden. Wärmepumpen brauchen alle zwei Jahre einen Servicecheck. Moderne Steuerungssysteme optimieren den Energiefluss automatisch und ermöglichen die Fernüberwachung per Smartphone. Die Kombination mit Energiespeichern erhöht die Eigenverbrauchsquote. Batteriespeicher nehmen überschüssigen Solarstrom auf. Pufferspeicher sammeln Wärmeenergie für Heizung und Warmwasser. Intelligente Haussteuerungen vernetzen alle Komponenten und steuern Verbraucher lastabhängig. Regenerative Energiesysteme steigern den Immobilienwert und senken die Betriebskosten. Die Unabhängigkeit von fossilen Energieträgern schützt vor steigenden Preisen. Mit der richtigen Planung, Dimensionierung und Wartung arbeiten die Anlagen über Jahrzehnte zuverlässig und wirtschaftlich.

## Gut zu wissen

**Amortisation**

Die Amortisationszeit gibt an, wie lange es dauert, bis sich eine Investition durch die erzielten Einsparungen rentiert hat.

**Kilowatt-Peak (kWp)**

Kilowatt-Peak gibt die maximale Leistung einer Photovoltaikanlage unter Standardbedingungen an. Sie dient als Vergleichswert für die Anlagengröße.

**Kilowattstunde (kWh)**

Die Kilowattstunde ist eine Einheit für die Energiemenge. Sie gibt an, wie viel Energie ein Gerät mit einer Leistung von einem Kilowatt in einer Stunde verbraucht.

**Kleinwindanlage**

Kleinwindanlagen erzeugen Strom aus Windkraft. Sie eignen sich für Standorte mit ausreichend Wind und werden oft in Kombination mit Photovoltaik eingesetzt.

**Pufferspeicher**

Ein Pufferspeicher speichert Wärmeenergie, die von einer Solarthermieanlage oder einer Wärmepumpe erzeugt wird. Er sorgt für eine gleichmäßige Wärmeversorgung und erhöht die Effizienz.

**Stromspeicher**

Stromspeicher, meist Batterien, speichern überschüssigen Solarstrom und machen ihn später nutzbar. Sie erhöhen den Eigenverbrauch und reduzieren die Abhängigkeit vom Stromnetz.

## Erneuerbare Energiemix für nachhaltige Gebäude

Typischer erneuerbarer Energiemix in einem nachhaltigen Gebäude.

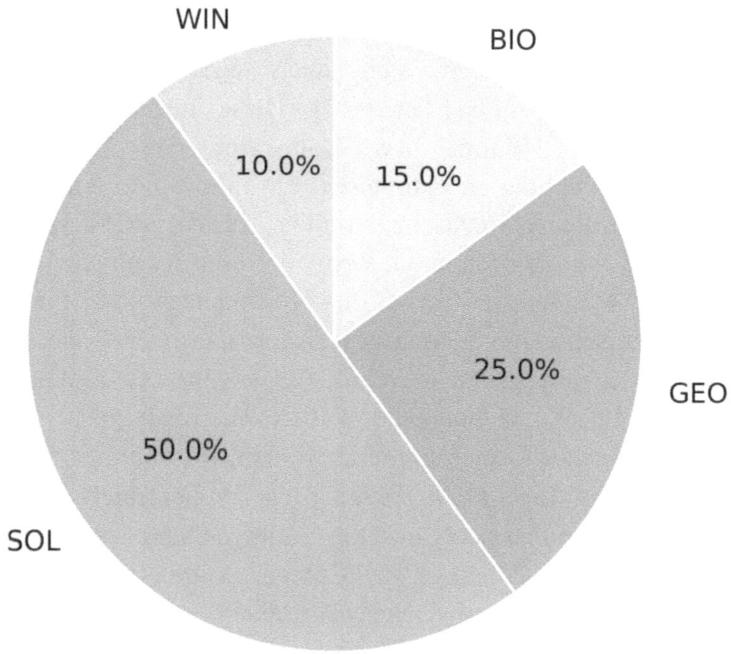


BIO: Biomasse
GEO: Geothermie
SOL: Solar-Photovoltaik
WIN: Wind

Photovoltaik-Solarenergie macht den größten Anteil aus und unterstreicht ihre Bedeutung für nachhaltiges Gebäudedesign. Geothermie und Biomasse tragen erheblich dazu bei, was auf einen Schwerpunkt sowohl beim Heizen/Kühlen als auch bei der Nutzung organischer Abfälle hinweist. Während Windenergie einen kleineren Anteil hat, trägt ihre Einbeziehung zur Diversifizierung der Energiequellen bei. Dieser Mix reduziert die Abhängigkeit von fossilen Brennstoffen und minimiert die Umweltbelastung.

## Speichertechnologien

Speichertechnologien gewinnen für die Energieversorgung von Gebäuden zunehmend an Relevanz. Neben den bekannten Batteriespeichern zur Speicherung von Strom aus Photovoltaikanlagen, die bereits im vorherigen Kapitel erwähnt wurden, bieten sich auch Systeme zur thermischen Energiespeicherung (TES) an [s17]. Diese nutzen das Prinzip der Speicherung von Wärme bzw. Kälte, um den Energiebedarf für Heizung und Kühlung zu optimieren. Ein innovativer Ansatz in diesem Bereich sind Phasenwechselmaterialien (PCM). PCM speichern und geben große Wärmemengen ab, wenn sie ihren Aggregatzustand ändern – also zum Beispiel von fest zu flüssig schmelzen [s18] [s17]. So kann tagsüber überschüssige Wärme gespeichert und nachts oder an kälteren Tagen wieder abgegeben werden. Dieser Prozess funktioniert auch umgekehrt: Im Winter kann die Wärme des Tages gespeichert und in der kalten Nacht wieder freigesetzt werden, im Sommer die Kühle der Nacht für den Tag. PCM lassen sich in verschiedene Kategorien unterteilen, darunter organische, anorganische und eutektische Mischungen [s17]. Organische PCM, etwa Paraffine, sind aufgrund ihrer Eigenschaften, wie beispielsweise einem definierten Schmelzpunkt und chemischer Stabilität, besonders geeignet [s17]. Um Leckagen im flüssigen Zustand zu verhindern, werden PCM häufig in eine 3D-Matrix oder eine poröse Struktur eingebettet. So entstehen formstabile PCM, die ihre Form auch beim Phasenwechsel beibehalten [s17]. Die Einbettung kann durch verschiedene Techniken erfolgen, wie Mikroverkapselung, Makroverkapselung oder die Einbettung in eine Trägermatrix [s18]. Eine hohe Wärmeleitfähigkeit des PCM ist entscheidend für eine effiziente Be- und Entladung. Diese kann durch den Zusatz von Materialien mit hoher Wärmeleitfähigkeit, wie Graphit oder Metallpartikeln, verbessert werden [s17].

Die Integration von PCM in Baumaterialien bietet vielfältige Möglichkeiten. So können PCM in Wänden, Decken oder Fußböden eingebaut werden, um die Temperatur im Gebäudeinneren zu regulieren [s18]. Ein mit PCM angereicherter Putz kann so dazu beitragen, Temperaturschwankungen zu reduzieren und den Bedarf an aktiver Heizung oder Kühlung zu minimieren. Auch in Verbindung mit Fußbodenheizungen können PCM die Effizienz des Systems verbessern, indem sie die Wärme speichern und zeitversetzt abgeben. Die Auswahl des passenden PCM hängt von der jeweiligen Anwendung und den gewünschten Temperatureigenschaften ab. Für die Integration in Baumaterialien sind neben der thermischen Leitfähigkeit auch die Formstabilität, die Langzeitstabilität und die Umweltverträglichkeit des PCM zu berücksichtigen. Die Kosten-Nutzen-Analyse von PCM-Lösungen ist ein komplexes Thema [s18]. Die Investitionskosten für PCM-basierte Systeme sind in der Regel höher als für konventionelle Systeme. Langfristig können die Einsparungen bei den Energiekosten jedoch die Mehrkosten kompensieren. Die Amortisationszeit hängt von verschiedenen Faktoren ab, wie den Energiepreisen, den klimatischen Bedingungen und der Effizienz des Systems. Eine sorgfältige Planung und Dimensionierung des Systems ist daher essenziell, um die Wirtschaftlichkeit zu gewährleisten. Ein erfahrener Energieberater kann bei der Auswahl des passenden Systems und der optimalen Integration in das Gebäudekonzept unterstützen. PCM sind eine vielversprechende Technologie zur Verbesserung der Energieeffizienz von Gebäuden. Durch die intelligente Integration von PCM in die Gebäudehülle oder in Heiz- und Kühlsysteme lässt sich der Energiebedarf senken und so ein Beitrag zu einer nachhaltigeren Bauweise leisten. Eine

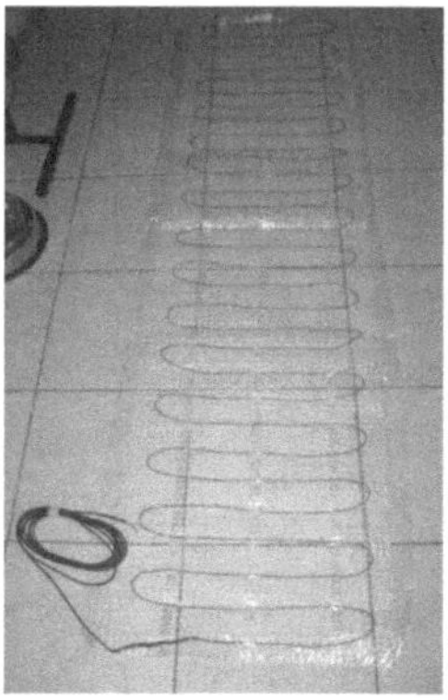

*Fußbodenheizung* [i20]

Kombination von PCM mit anderen Maßnahmen zur Energieeinsparung, wie einer guten Wärmedämmung und dem Einsatz erneuerbarer Energien, ermöglicht die Realisierung von energieeffizienten und komfortablen Gebäuden. Die stetige Weiterentwicklung der PCM-Technologie und die sinkenden Produktionskosten eröffnen zukünftig weitere Anwendungsmöglichkeiten und tragen zur Verbreitung dieser innovativen Speicherlösung bei.

## Gut zu wissen

**Eutektische Mischungen**

Eutektische Mischungen sind Kombinationen aus verschiedenen Stoffen, die einen niedrigeren Schmelzpunkt haben als die einzelnen Komponenten. Sie werden als PCM verwendet, um die Energiespeicherung bei bestimmten Temperaturen zu optimieren.

**Metallpartikel**

Metallpartikel können die Wärmeleitfähigkeit von PCM erhöhen und so die Effizienz der Energiespeicherung verbessern.

**Photovoltaikanlagen**

Photovoltaikanlagen wandeln Sonnenlicht direkt in elektrische Energie um und tragen so zur nachhaltigen Energieversorgung von Gebäuden bei. Sie können auf Dächern oder an Fassaden installiert werden und den Energiebedarf für Haushaltsgeräte und Beleuchtung decken.

**Thermische Energiespeicherung**

Thermische Energiespeicher speichern Wärme oder Kälte, um sie später zu nutzen. Sie können dazu beitragen, den Energiebedarf für Heizung und Kühlung zu reduzieren und die Nutzung erneuerbarer Energien zu optimieren.

**Wärmeleitfähigkeit**

Die Wärmeleitfähigkeit beschreibt, wie gut ein Material Wärmeenergie leiten kann. Eine hohe Wärmeleitfähigkeit ist wichtig für eine effiziente Be- und Entladung von PCM.

## Energiespeicherkapazität für nachhaltige Gebäude

Vergleich der Speichersystemkapazitäten

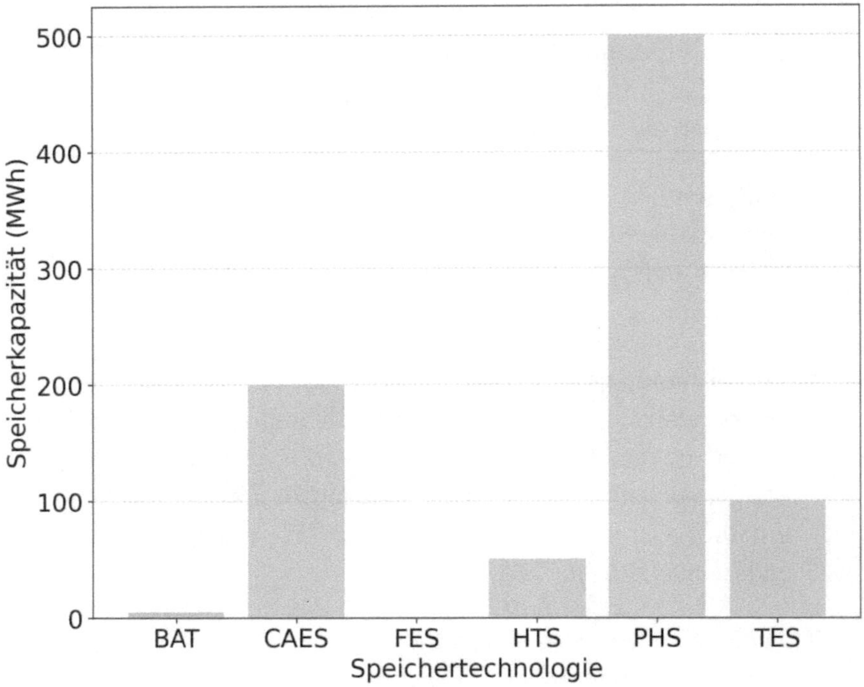


BAT: Batterie (Li-Ionen)

CAES: Druckluftspeicher

FES: Schwungradspeicher

HTS: Wasserstofftankspeicher

PHS: Pumpspeicher

TES: Wärmespeicher (Wasser)

Diese Grafik zeigt die deutlichen Kapazitätsunterschiede zwischen verschiedenen Energiespeichertechnologien. Batteriespeicher, die für das kurzfristige Energiemanagement wichtig sind, bieten deutlich weniger Kapazität als Pumpspeicher- und Wärmespeicherlösungen. Dies deutet darauf hin, dass ein diversifizierter Ansatz zur Energiespeicherung, der mehrere Technologien umfasst, wahrscheinlich notwendig ist, um die Energieunabhängigkeit und Widerstandsfähigkeit von Gebäuden zu maximieren.

**Konkrete Ratschläge**

- Integrieren Sie Speichermassen wie Lehm- oder Stampflehmwände in Ihr Gebäude, um die Temperatur passiv zu regulieren und den Energiebedarf für Heizung und Kühlung zu senken.
- Planen Sie die Anordnung der Räume so, dass Räume mit hohem Wärmebedarf, wie Wohnzimmer und Küche, nach Süden ausgerichtet sind und von der Sonneneinstrahlung profitieren.
- Nutzen Sie die Abwärme von Geräten wie Kühlschrank oder Computer, indem Sie diese gezielt in angrenzende Räume ableiten.
- Erstellen Sie ein detailliertes Energieflussdiagramm für Ihr Gebäude, um Energieverluste zu identifizieren und Optimierungspotenziale aufzudecken.
- Setzen Sie auf hybride Energieversorgungssysteme, die verschiedene erneuerbare Energien wie Solarthermie und Photovoltaik intelligent kombinieren.
- Überprüfen Sie die Möglichkeit, ein Nahwärmenetz mit benachbarten Gebäuden aufzubauen, um Synergien zu nutzen und Energieverluste zu minimieren.
- Integrieren Sie Erdwärmekollektoren unter befestigten Flächen wie Terrassen oder Einfahrten, um die Umgebungswärme zu nutzen.
- Entwickeln Sie ein Konzept zur Nutzung von Prozesswärme aus industriellen Prozessen in der Umgebung, falls vorhanden.
- Binden Sie die lokale Bevölkerung in die Energieversorgung ein, indem Sie beispielsweise Bürgerenergiegenossenschaften gründen.
- Fördern Sie die Nutzung von Elektromobilität, indem Sie Ladestationen für Elektroautos in die Gebäudeinfrastruktur integrieren.

**Rückblick - 2. Nachhaltige Architektur**

Nachhaltige Architektur ist mehr als ein Trend, sie ist eine Notwendigkeit. Der vorliegende Text beleuchtet, wie Sie durch kluge Planung und Materialwahl energieeffiziente und umweltfreundliche Gebäude realisieren können. Dabei geht es nicht nur um abstrakte Konzepte, sondern um konkrete Handlungsempfehlungen, die Sie in Ihrem Bauvorhaben direkt umsetzen können. Angefangen bei der Gebäudeform, über die optimale Nutzung von Tageslicht bis hin zur Auswahl regenerativer Energiesysteme und innovativer Speichertechnologien – jeder Aspekt trägt zum Gesamtkonzept bei.

Ein zentraler Punkt ist die Minimierung des Energiebedarfs. Beginnen Sie mit einer kompakten Bauform, um Wärmeverluste über die Gebäudehülle zu reduzieren. Orientieren Sie das Gebäude so, dass Südfassaden die Sonnenenergie optimal nutzen können. Große Fensterflächen auf der Südseite maximieren den passiven Solargewinn, während kleinere Fenster auf der Nordseite Wärmeverluste minimieren. Denken Sie auch an außenliegenden Sonnenschutz, um im Sommer eine Überhitzung zu vermeiden. Im Gebäudeinneren optimieren Sie die Raumaufteilung, um kurze Wege und eine effiziente Nutzung der Flächen zu gewährleisten. Berücksichtigen Sie dabei die Bedürfnisse aller Nutzer, um Barrierefreiheit und altersgerechtes Wohnen zu ermöglichen.

Die Wahl der Baustoffe spielt eine entscheidende Rolle für die ökologische Bilanz Ihres Projekts. Setzen Sie auf langlebige, regionale Materialien, um Transportwege und CO2-Emissionen zu minimieren. Prüfen Sie die Möglichkeiten der Wiederverwendung und des Recyclings von Bauteilen. Eine Lebenszyklusanalyse kann Ihnen helfen, die Umweltauswirkungen verschiedener Materialien zu vergleichen und fundierte Entscheidungen zu treffen. Achten Sie auch auf emissionsarme Materialien, um ein gesundes Raumklima zu schaffen.

Integrieren Sie regenerative Energiesysteme wie Photovoltaik, Solarthermie oder Wärmepumpen, um den Energiebedarf Ihres Gebäudes nachhaltig zu decken. Kombinieren Sie diese Systeme mit intelligenten Speichertechnologien, um die Nutzung erneuerbarer Energien zu optimieren und den Eigenverbrauch zu maximieren. Berücksichtigen Sie bei der Planung die örtlichen Gegebenheiten und lassen Sie sich von erfahrenen Fachplanern beraten. Die Investition in nachhaltige Technologien mag zunächst höher erscheinen, zahlt sich aber langfristig durch geringere Energiekosten und einen höheren Immobilienwert aus.

Nachhaltiges Bauen ist eine Investition in die Zukunft. Es erfordert zwar eine sorgfältige Planung und Umsetzung, bietet Ihnen aber langfristig zahlreiche Vorteile: Sie sparen Energiekosten, schonen die Umwelt und schaffen ein gesundes und komfortables Wohnumfeld. Mit den hier vorgestellten Handlungsempfehlungen können Sie Ihre Vision von einem nachhaltigen Gebäude in die Realität umsetzen und einen wertvollen Beitrag für kommende Generationen leisten.

# 3. Baumanagement

Wie verwandelt man eine Vision von nachhaltigem Bauen in ein erfolgreiches Projekt? Der Weg vom ersten Entwurf bis zur Schlüsselübergabe gleicht einem komplexen Orchester, bei dem zahlreiche Akteure präzise zusammenspielen müssen. Professionelles Baumanagement bildet dabei das Fundament für die termingerechte und qualitativ hochwertige Umsetzung nachhaltiger Bauvorhaben. Die systematische Planung und Steuerung aller Prozesse entscheidet maßgeblich über den Projekterfolg - von der Kostenkontrolle bis zur Einhaltung der Energiestandards. In diesem Kapitel zeigen wir, wie sich die vielfältigen Herausforderungen beim nachhaltigen Bauen durch effektives Management meistern lassen.

## 3. 1 Baustellenorganisation

Effiziente Baustellenorganisation ist zentral für nachhaltiges Bauen. Sie beeinflusst Ressourcenverbrauch, Emissionen und die Wirtschaftlichkeit des gesamten Projekts. Von der Logistikplanung über die Materialbeschaffung bis zum Personalmanagement gilt es, komplexe Prozesse zu koordinieren und zahlreiche Herausforderungen zu meistern. Die optimale Organisation der Baustelle minimiert negative Umweltauswirkungen und steigert die Projekterfolgswahrscheinlichkeit. Lesen Sie weiter, um die entscheidenden Faktoren für eine erfolgreiche Baustellenorganisation kennenzulernen.

*Effektive und nachhaltige Baustellenorganisation erfordert eine ganzheitliche Logistikplanung, die digitale Modelle, klare Prozesse und die Berücksichtigung aller Ressourcen, inklusive qualifiziertem Personal, über den gesamten Lebenszyklus des Bauprojekts integriert.*

# Logistikplanung

Logistikplanung auf Baustellen beeinflusst die Effizienz der Bauprozesse maßgeblich, da sie einen großen Teil der städtischen Frachtbewegungen ausmacht [s19]. Eine gut geplante Logistik kann zu weniger Verkehrsstaus und geringeren Schadstoffemissionen führen, insbesondere durch die Einrichtung von Baustellen-Konsolidierungszentren, die die Anzahl der Lieferungen reduzieren [s19]. Die Organisation der Logistik variiert jedoch stark. Manche Subunternehmer verwalten ihre Materialien selbst, andere setzen ein eigenes Logistikteam ein [s19]. Die Baustellen-Zugänglichkeit, also die Anzahl der Ein- und Ausfahrten sowie die allgemeine Konfiguration, beeinflusst die Lieferfrequenz und -zeiten und somit die gesamte Planung [s19]. Konsolidierungszentren optimieren die Materialflüsse und steigern die Wirtschaftlichkeit durch eine bessere Nutzung von Arbeitskräften und Materialien [s19]. Simulationen belegen die Umwelt- und Kostenvorteile solcher Zentren, darunter eine Reduzierung der CO2-Emissionen [s19].

*Baustellenlogistik* [i22]

Die Logistikplanung ist für Auftragnehmer in der Mobilisierungs- und Bauphase unerlässlich [s20]. Durch die Integration digitaler Modelle in die Logistikplanung lassen sich Anlieferungen, Abfallentsorgung, Lärm- und CO2-Emissionen sowie die Verkehrsbelastung reduzieren [s20]. Für eine effektive Planung im digitalen Umfeld sind spezifische Daten notwendig: ein hierarchisch strukturiertes 3D-Modell, eine Arbeitsstruktur, ein detaillierter Zeitplan, Ressourcenbeschränkungen und definierte temporäre Einrichtungen [s20]. Die einzelnen Aktivitäten sollten in Arbeitsoperationen unterteilt werden, um die Logistikplanung zu ermöglichen [s20]. Mittels Software für digitale Modelle lassen sich dynamische Layout-Modelle erstellen, welche die tatsächliche Dauer berücksichtigen, die temporäre Einrichtungen und Ausrüstungen in den verschiedenen Bauphasen benötigen [s20]. Die Planung der Baustellenlogistik erfolgt in drei Schritten: Platzierung der temporären Einrichtungen und Lagerflächen, Definition des Zeitplans und Zuweisung von Ressourcen sowie Modellierung und Extraktion des dynamischen Baustellenlayouts [s20]. Im detaillierten Zeitplan sollte jede Aktivität als Arbeitsoperation dargestellt werden, um die Simulation von Maschinenbewegungen und Materialhandhabung zu ermöglichen [s20]. Ein Beispiel hierfür wäre die detaillierte Planung des Betonierprozesses, bei der die Anlieferung des Betons, die Positionierung der Betonpumpe und die Bewegung der Arbeiter koordiniert werden müssen. Da es aktuell keinen einheitlichen Standard für die Logistikplanung im digitalen Modell-Umfeld gibt, ist eine weitere Standardisierung notwendig [s20]. Ein einheitlicher Standard könnte die Interoperabilität verschiedener Softwarelösungen verbessern und den Datenaustausch zwischen den Projektbeteiligten vereinfachen.

*3D-Modell* [i21]

## Gut zu wissen

**Interoperabilität**

Die Fähigkeit verschiedener Softwarelösungen, Daten auszutauschen und miteinander zu interagieren. Ein einheitlicher Standard für die Logistikplanung würde die Interoperabilität verbessern und den Datenaustausch zwischen den Projektbeteiligten vereinfachen.

**Konsolidierungszentrum**

Ein zentraler Ort außerhalb oder am Rande der Baustelle, an dem Baumaterialien gesammelt, sortiert und zwischengelagert werden, bevor sie bedarfsgerecht an die jeweiligen Gewerke verteilt werden. Dies reduziert die Anzahl der Anlieferungen und minimiert die Verkehrsbelastung.

**Subunternehmer**

Unternehmen, die von einem Generalunternehmer mit der Ausführung von Teilen der Bauleistung beauftragt werden. Ihre Materialverwaltung kann sich auf die Gesamtlogistik auswirken und muss in die Planung einbezogen werden.

# Materialfluss auf der Baustelle

CO2-Emissionen nach Materialgruppe

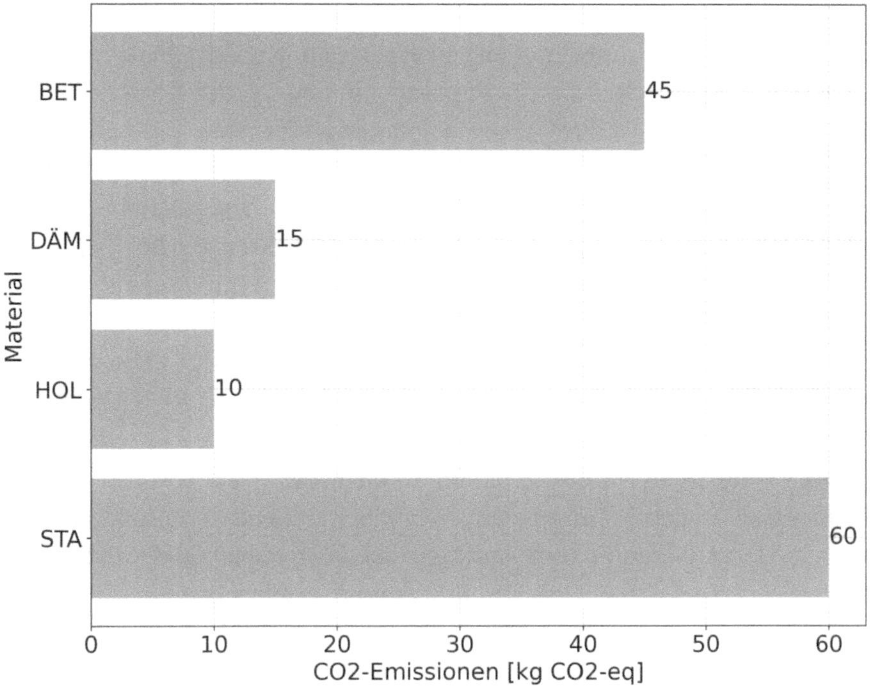


BET: Beton

DÄM: Dämmstoffe

HOL: Holz

STA: Stahl

Der größte Anteil der CO2-Emissionen entsteht durch den Transport von Beton, gefolgt von Stahl. Holz und Dämmstoffe fallen deutlich weniger ins Gewicht. Dies verdeutlicht die Notwendigkeit, Transportwege für schwere Materialien zu optimieren und ggf. alternative Materialien mit geringerer CO2-Bilanz in Betracht zu ziehen.

## Ressourcenmanagement

Ressourcenmanagement im Bauwesen umfasst weit mehr als nur die effiziente Nutzung von Materialien. Es integriert ökologische, soziale und ökonomische Aspekte über den gesamten Lebenszyklus eines Bauprojekts – von der Planung und Ausführung bis zum Rückbau [s21]. Neben den klassischen Ressourcen wie Baumaterialien, Energie und Kapital, rückt auch der Umgang mit der Ressource Personal immer stärker in den Fokus. Qualifizierte Arbeitskräfte sind unabdingbar für eine produktive und nachhaltige Bauausführung. Deren Motivation, Weiterbildung in umweltfreundlichen Baupraktiken und die Integration in die Planungsprozesse tragen maßgeblich zum Projekterfolg bei [s22]. Ein zielgerichtetes Personalmanagement, das die ökologischen Aspekte berücksichtigt („grünes Personalmanagement"), fördert umweltbewusstes Handeln und stärkt die nachhaltige Leistung des Unternehmens [s22]. Etwa regelmäßige Schulungen zu Themen wie Abfallvermeidung, ressourcenschonende Bauverfahren oder dem Einsatz von Recyclingmaterialien können das Bewusstsein und die Kompetenz der Mitarbeiter erhöhen. Die Zusammenarbeit verschiedener Akteure, vom Auftraggeber über Planer und Ausführende bis zu den Lieferanten, ist für die Etablierung nachhaltiger Praktiken ebenfalls essenziell [s23]. Eine gemeinsame Vision, klare Ziele und eine offene Kommunikation fördern den Austausch von Best Practices und ermöglichen die kontinuierliche Optimierung des Ressourcenmanagements. Die ökonomische Nachhaltigkeit lässt sich mit Instrumenten wie dem Earned Value Management (EVM) überwachen, das durch Kennzahlen wie den Cost Performance Index (CPI) Aufschluss über die Effizienz der Ressourcennutzung gibt [s24]. Die Berücksichtigung von Unsicherheiten und potenziell unzuverlässigen Daten ist dabei wichtig für eine realistische Bewertung [s24]. Methoden wie Fuzzy-Logik können helfen, mit diesen Unschärfen umzugehen und zu fundierteren Entscheidungen im Ressourcenmanagement zu gelangen [s24]. Ein ganzheitlicher Ansatz, der alle drei Säulen der Nachhaltigkeit – Ökologie, Soziales und Ökonomie – berücksichtigt, schafft langfristig Wettbewerbsvorteile und trägt zu einer zukunftsfähigen Bauwirtschaft bei [s21].

*Nachhaltigkeit* [i23]

## Gut zu wissen

**Fuzzy-Logik**

Eine mathematische Methode, die mit unscharfen und ungenauen Daten umgeht, wie sie häufig im Ressourcenmanagement auftreten. Sie ermöglicht realistischere Bewertungen und Entscheidungen, indem sie Unsicherheiten berücksichtigt.

**Grünes Personalmanagement**

Fördert umweltbewusstes Handeln der Mitarbeiter durch Schulungen und Anreize, um die Nachhaltigkeit auf der Baustelle zu verbessern. Es umfasst die Auswahl und Förderung von Mitarbeitern, die sich für Nachhaltigkeit einsetzen, sowie die Implementierung von umweltfreundlichen Arbeitsmethoden.

**Lebenszyklus**

Betrachtet den gesamten Zeitraum eines Bauprojekts, von der Planung und dem Bau bis hin zum Abriss und der Entsorgung, um die Umweltauswirkungen in jeder Phase zu minimieren und Ressourcen effektiv zu nutzen.

## Ressourcenauslastung auf einer nachhaltigen Baustelle

Vergleich der Ressourcenauslastung in verschiedenen Bauphasen

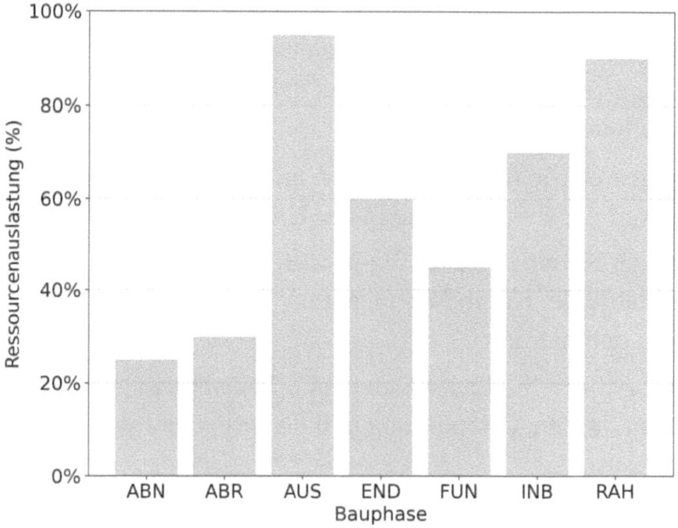


ABN: Abnahme

ABR: Abriss und Aushub

AUS: Außenarbeiten

END: Endarbeiten

FUN: Fundament

INB: Innenausbau

RAH: Rahmenarbeiten

Die Daten zeigen deutliche Schwankungen in der Ressourcenauslastung während des gesamten Projektlebenszyklus. Die Anfangsphasen (Abriss und Aushub sowie Fundament) zeigen eine relativ geringe Auslastung, wahrscheinlich aufgrund von Mobilisierungs- und Einrichtungsaktivitäten. Die Spitzenauslastung tritt während der Rahmen- und Außenphasen auf, was auf einen hohen Ressourcenbedarf während dieser kritischen Bauphasen hinweist. Ein anschließender Rückgang der Ressourcennutzung ist während der Innenausbau- und Endarbeiten zu beobachten, wenn spezialisierte Aufgaben und kleinere Teams übernehmen. Die abschließende Abnahmephase weist die niedrigste Auslastung auf, was den Abschluss der wichtigsten Bauaktivitäten und den Fokus auf Tests und Übergabe widerspiegelt. Die Optimierung der Ressourcenzuweisung während der Spitzenphasen könnte die Gesamteffizienz des Projekts verbessern und Abfälle reduzieren.

**Konkrete Ratschläge**

- Nutzen Sie die "Goldene Stunde" am Morgen für lärmintensive Arbeiten, um die Belastung für Anwohner zu minimieren.
- Richten Sie eine zentrale Materialausgabe ein, um unnötige Wege und Suchzeiten zu vermeiden und den Materialverbrauch zu kontrollieren.
- Vereinbaren Sie feste Lieferzeiten mit Ihren Subunternehmern, um Staus auf der Baustelle und in der Umgebung zu reduzieren.
- Erstellen Sie ein digitales 3D-Modell der Baustellenlogistik, um Materialflüsse, Kranbewegungen und Lagerflächen zu simulieren und zu optimieren.
- Kennzeichnen Sie Lagerflächen und Transportwege deutlich sichtbar, um die Orientierung und Sicherheit auf der Baustelle zu verbessern.
- Organisieren Sie regelmäßige Baustellenbegehungen mit allen Beteiligten, um die Logistikprozesse zu überprüfen und gemeinsam zu optimieren.
- Setzen Sie auf wiederverwendbare Transportbehälter und Verpackungen, um Abfall zu reduzieren und die Kreislaufwirtschaft zu fördern.
- Nutzen Sie Drohnen für die Baustellenüberwachung und Inventarisierung, um Zeit zu sparen und den Überblick zu behalten.
- Implementieren Sie ein digitales Baustellentagebuch, um alle relevanten Informationen zur Logistik zentral zu erfassen und auszuwerten.
- Führen Sie Schulungen für Ihre Mitarbeiter zur effizienten und sicheren Baustellenlogistik durch.
- Entwickeln Sie ein Belohnungssystem für Subunternehmer, die sich durch besonders gute Logistik auszeichnen.

## 3. 2 Qualitätssicherung

Qualitätssicherung im Baumanagement nachhaltiger Häuser umfasst Dokumentation und Mängelmanagement über den gesamten Lebenszyklus. Lückenlose Dokumentation aller Prozesse und Materialien sichert die Nachvollziehbarkeit und bildet die Grundlage für ressourceneffizientes Bauen und spätere Entscheidungen. Effektives Mängelmanagement minimiert Fehler, Kosten und Zeitverzögerungen, indem Abweichungen von Qualitätsstandards frühzeitig erkannt und behoben werden. Erfahren Sie, wie Sie diese entscheidenden Faktoren für den Erfolg Ihres nachhaltigen Bauprojekts optimal nutzen.

*Lückenlose Dokumentation über den gesamten Lebenszyklus ist der Schlüssel zur Qualitätssicherung und zum erfolgreichen Mängelmanagement im nachhaltigen Bauen.*

## Dokumentation

Dokumentation im nachhaltigen Bauwesen umfasst die systematische Erfassung und Aufbewahrung aller relevanten Informationen über den gesamten lebenszyklus eines Gebäudes. Dies beginnt bei der Planungsphase mit der Dokumentation der Anforderungen an das Gebäude, der Materialauswahl und der Bauweise. Auch die Dokumentation der Herkunft der Baustoffe, ihrer Zusammensetzung und ihrer Umweltverträglichkeit gewinnt im Kontext des nachhaltigen Bauens zunehmend an Bedeutung. Diese Informationen dienen nicht nur der Transparenz und Rückverfolgbarkeit, sondern ermöglichen auch eine spätere Bewertung der Nachhaltigkeit des Gebäudes [s25]. Während der Bauphase werden alle durchgeführten Arbeiten, Qualitätskontrollen und etwaige Abweichungen vom Plan dokumentiert. So lässt sich im Nachhinein genau nachvollziehen, welche Schritte durchgeführt wurden und ob die Qualitätsstandards eingehalten wurden [s26]. Ähnlich wie bei der Prüfung von Myzel-Verbundwerkstoffen, wo die Dokumentation aller Produktionsschritte von der Rohstoffbeschaffung bis zur Qualitätskontrolle entscheidend ist, muss auch im Bauwesen jeder Schritt nachvollziehbar sein [s25]. Die Dokumentation der Wartungs- und Instandhaltungsarbeiten im laufenden Betrieb ermöglicht eine effiziente Gebäudeverwaltung und trägt zur Werterhaltung bei. Denken Sie an die regelmäßige Überprüfung der Dämmung oder die Kontrolle der Heizungsanlage – all dies muss dokumentiert werden, um langfristig die Energieeffizienz des Gebäudes sicherzustellen. Am Ende des Lebenszyklus dient die Dokumentation als Grundlage für den Rückbau und das Recycling von Materialien. So kann beispielsweise die Dokumentation über den verwendeten Dämmstoff im Dach entscheidend sein für dessen fachgerechte Entsorgung oder Wiederverwertung. Eine lückenlose Dokumentation über alle Phasen des Gebäudelebenszyklus – von der Planung über den Bau und Betrieb bis hin zum Rückbau – ermöglicht eine umfassende Qualitätskontrolle, optimiert die Ressourcenverwaltung und unterstützt die

Entscheidungsfindung in jeder Phase. Eine durchgängige Dokumentation aller Prozesse und Materialien schafft Transparenz und erleichtert die Zusammenarbeit aller am Bau Beteiligten.

*Qualitätskontrolle* [i24]

## Dokumentationstypen im nachhaltigen Bau-QS

Verteilung des Dokumentationsaufwands über verschiedene Phasen eines nachhaltigen Bauprojekts.

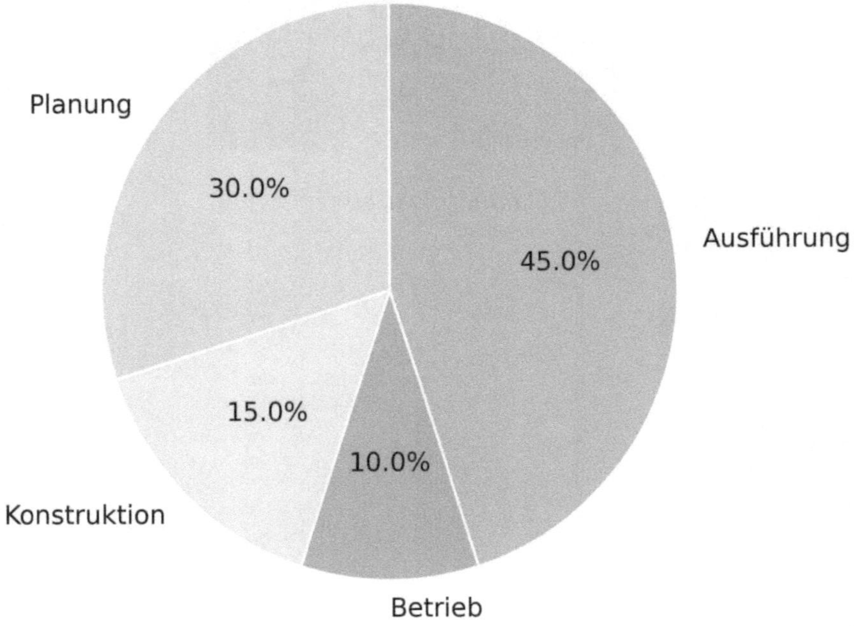


ABU: Ausführung

CON: Konstruktionsphase

DES: Planung und Entwurf

OandM: Betrieb und Wartung

Der bedeutende Anteil der Ausführungsdokumentation unterstreicht die Wichtigkeit der Überprüfung und Aufzeichnung des endgültigen Bauprodukts gegenüber den Planungs- und Nachhaltigkeitszielen. Die Planungs- und Entwurfsdokumentation betont die erforderliche Vorarbeit für nachhaltiges Bauen, während der kleinere Anteil der Betriebs- und Wartungsdokumentation auf einen möglichen Verbesserungsbereich hinweist, um die langfristige Nachhaltigkeitsleistung sicherzustellen.

## Mängelmanagement

Mängelmanagement im nachhaltigen Bauwesen geht über die reine Dokumentation hinaus und umfasst die systematische Erfassung, Analyse und Bearbeitung von Abweichungen von den geforderten Qualitätsstandards [s27]. Ein solches Management stellt sicher, dass Bauprojekte die Vorgaben erfüllen, sowohl die Wünsche der Auftraggeber als auch die gesetzlichen Bestimmungen. Dabei konzentriert sich das Mängelmanagement nicht nur auf die Bauphase, sondern bezieht den gesamten lebenszyklus eines Gebäudes ein, von der Planung über die Ausführung bis hin zum Betrieb und Rückbau. Ein funktionierendes System zur Mängelbearbeitung beginnt mit einer klaren Definition der Qualitätsanforderungen und beinhaltet die Festlegung von Kontrollpunkten im Bauprozess, an denen die Qualität überprüft wird [s28]. An diesen Punkten, die den gesamten Lebenszyklus des Gebäudes abdecken, werden kritische Entscheidungen getroffen, die langfristig die Gebäudequalität beeinflussen. So kann die Kontrolle der Dämmstoffdicke während der Bauphase sicherstellen, dass die angestrebte Energieeffizienz später im Gebäudebetrieb auch erreicht wird. Die frühzeitige Erkennung und Bearbeitung von Mängeln minimiert Nachbesserungsarbeiten und vermeidet so Kosten und Zeitverzögerungen. Die Integration digitaler Technologien kann die Effizienz des Mängelmanagements deutlich steigern [s27]. Digitale Werkzeuge ermöglichen eine lückenlose Dokumentation, erleichtern die Kommunikation zwischen den Beteiligten und unterstützen die Analyse von Mängelursachen. Digitale Technologien kommen vor allem in der Ausführungsphase zum Einsatz und tragen so zur Qualitätsverbesserung während der Bauausführung bei. Ein digitales Mängelmanagement-System, das alle relevanten Informationen zentral speichert, ermöglicht einen schnellen Zugriff auf Daten und erleichtert die Zusammenarbeit aller am Bau Beteiligten. Die Verknüpfung von digitalen Mängelmanagement-Systemen mit Building Information Modeling (BIM) erlaubt es darüber hinaus, Mängel direkt im 3D-Modell zu visualisieren und zu dokumentieren. Neben den technischen Aspekten spielen auch vertragliche Regelungen eine wichtige Rolle im Mängelmanagement [s29]. Klare Verträge zwischen allen Beteiligten, insbesondere auch mit den Zulieferern, minimieren Unsicherheiten und tragen zu einem reibungslosen Ablauf bei. Eine aktive Einbindung der Akteure der Lieferkette in den Prozess des Mängelmanagements ist daher unerlässlich. Unzureichende Anreize und Informationen von externen Stakeholdern können zu Unsicherheiten führen, die es zu vermeiden gilt. Eine Reform der regulatorischen Instrumente durch externe Stakeholder kann dazu beitragen, Unsicherheiten zu minimieren und so die Qualität im Bauwesen zu fördern. Die Berücksichtigung technischer, umweltbezogener und sozialer Qualitätsmerkmale in einem ganzheitlichen Qualitätsmodell ermöglicht eine umfassende Bewertung der Prozesse und Produkte im Bauwesen [s28]. Die Interaktion dieser verschiedenen Qualitätsaspekte stellt zwar eine komplexe Aufgabe dar, ist aber entscheidend für ein erfolgreiches und nachhaltiges Mängelmanagement. So kann ein Mangel in der Ausführung der Gebäudehülle nicht nur Auswirkungen auf die Energieeffizienz (technischer Aspekt) haben, sondern auch auf den Komfort der Bewohner (sozialer Aspekt) und die Umweltverträglichkeit des Gebäudes (ökologischer Aspekt).

## Mängelmanagement im nachhaltigen Bauwesen

Häufigkeit, Schweregrad und Lösungszeit von Baumängeln.

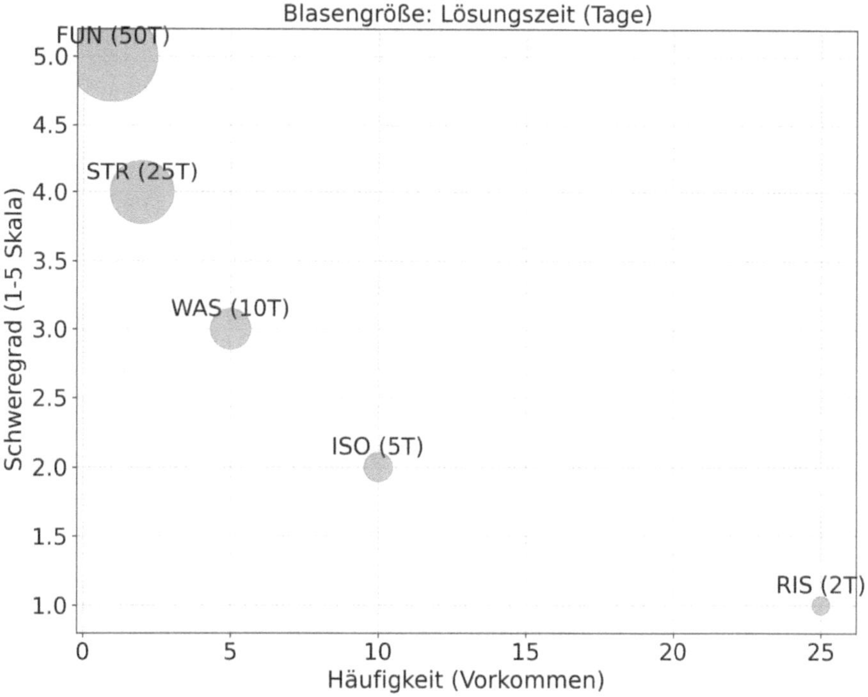


Blasengröße: Lösungszeit (Tage)

FUN: Fundamentprobleme

ISO: Isolierungsprobleme

RIS: Risse

STR: Strukturelle Probleme

WAS: Wasserschaden

Die meisten Mängel haben einen niedrigen Schweregrad und werden schnell behoben. Allerdings benötigen einige schwerwiegende Mängel deutlich mehr Zeit zur Behebung, was sich auf Projektzeiten und -kosten auswirkt. Die Konzentration auf die Vermeidung dieser schwerwiegenden Mängel könnte zu erheblichen Effizienzsteigerungen führen.

**Konkrete Ratschläge**

- Führen Sie regelmäßige Begehungen mit allen Projektbeteiligten durch, um frühzeitig potenzielle Qualitätsmängel zu identifizieren und zu besprechen.
- Etablieren Sie ein digitales Mängelmanagement-System mit Foto- und Kommentarfunktion, das allen Beteiligten jederzeit Zugriff auf aktuelle Informationen ermöglicht.
- Vergeben Sie Patenschaften für einzelne Bauteile oder Gewerke an Projektbeteiligte, die für die Qualitätssicherung in ihrem Bereich verantwortlich sind.
- Entwickeln Sie ein Ampelsystem zur Visualisierung des Qualitätsstatus einzelner Bauabschnitte, um den Fortschritt transparent darzustellen.
- Führen Sie Qualitätskontrollen nicht nur stichprobenartig, sondern an allen relevanten Schnittstellen zwischen Gewerken durch.
- Erstellen Sie Checklisten für die wichtigsten Qualitätskriterien jedes Gewerks, die als Grundlage für die Abnahme dienen.
- Organisieren Sie Workshops zur gemeinsamen Erarbeitung von Lösungsansätzen für wiederkehrende Qualitätsprobleme.
- Nutzen Sie 3D-Modelle, um komplexe Bauteile und deren Anschlüsse virtuell zu begehen und potenzielle Schwachstellen frühzeitig zu erkennen.
- Integrieren Sie die Qualitätskontrolle in den Bauzeitenplan, um ausreichend Zeit für sorgfältige Prüfungen einzuplanen.
- Belohnen Sie herausragende Leistungen in der Qualitätssicherung durch Prämien oder öffentliche Anerkennung.

## 3. 3 Koordination

Koordination im Baumanagement nachhaltiger Häuser minimiert Konflikte zwischen Gewerken und optimiert so Kosten, Zeit und Qualität. Von der 3D-Modell-Kollisionsprüfung über BIM-Integration bis zur Blockchain-Anwendung existieren diverse Strategien, um die komplexen Informationsflüsse zu managen und die Zusammenarbeit aller Beteiligten zu verbessern. Die Vermeidung von Planungsfehlern und die frühzeitige Konfliktlösung sind entscheidend für den Projekterfolg. Erfahren Sie in diesem Kapitel, wie Sie diese Herausforderungen meistern.

*Im nachhaltigen Bauen ist effektive Koordination, ähnlich der Orchestrierung in komplexen Organisationen, der Schlüssel zum Projekterfolg, indem sie Konflikte minimiert, Transparenz fördert und eine effiziente Ressourcenplanung ermöglicht.*

## Gewerkeabstimmung

Gewerkeabstimmung im nachhaltigen Bauen umfasst die frühzeitige und kontinuierliche Abstimmung aller am Bau beteiligten Gewerke, um Konflikte und damit verbundene Kosten und Zeitverzögerungen zu minimieren. Eine zentrale Aufgabe ist die Vermeidung von Kollisionen im dmodell, die durch unterschiedliche Planungsstände oder ungenaue Daten entstehen können. Eine sequentielle Koordinationsmethode, bei der die Gewerke nacheinander ihre Planung einbringen und aufeinander abstimmen, kann die Anzahl der Konflikte und notwendigen Besprechungen reduzieren [s30]. Dies steht im Gegensatz zu einer parallelen Methode, bei der alle Gewerke gleichzeitig planen. Ein zentralisiertes Modell, das allen Beteiligten zur Verfügung steht, ermöglicht eine effektive Zusammenarbeit und führt zu einer höheren Qualität des Endprodukts [s31]. Die Verwendung von Building Information Modeling (BIM) erleichtert die Visualisierung und Koordination von insbesondere mechanischen, elektrischen und sanitären (MEP) Gewerken, die traditionell einen erheblichen Teil der Projektzeit beanspruchen [s30]. Durch die Integration von BIM in Cloud-Computing können die verschiedenen Gewerke ihre Planungen besser integrieren und koordinieren, bereits in der Entwurfsphase. Technologien zur Konflikterkennung ermöglichen es, Kollisionen frühzeitig zu identifizieren und zu beheben, bevor sie auf der Baustelle zu Problemen führen. Die Verantwortung für eine reibungslose Gewerkeabstimmung liegt beim Projektmanager, der alle Aufgaben im Zusammenhang mit dem Gebäudeentwurf koordiniert und die damit verbundenen Aktivitäten überwacht [s31]. Er stellt sicher, dass alle Informationen in den verschiedenen Phasen des Modells korrekt und vollständig sind und überprüft Verantwortlichkeiten und Änderungen bei festgestellten Inkonsistenzen. Die Überwachung der Datenflüsse und die Kontrolle der Informationsqualität zwischen den Gewerken gehören ebenfalls zu seinen Aufgaben. In komplexen Projekten mit vielen Beteiligten ist die frühzeitige Erkennung und Behebung von

Konflikten durch den Projektmanager besonders wichtig. Die Schulung des Personals in BIM-Technologien ist entscheidend, um Missverständnisse und Kommunikationsprobleme zu vermeiden [s30]. Darüber hinaus können fortschrittliche Technologien wie maschinelles Lernen in Kombination mit BIM die Effizienz der Koordination weiter steigern und irrelevante Konflikte reduzieren [s30]. Die Integration von Blockchain-Technologie in das Gebäudemanagement bietet weiteres Potential zur Verbesserung der Gewerkeabstimmung [s32]. Intelligente Verträge ermöglichen eine sichere und transparente Verwaltung von Änderungen an Modellen und helfen, Verantwortlichkeiten klar zu definieren. Ein benutzerorientiertes, Blockchain-gestütztes System kann eine gemeinsame Plattform für alle Projektbeteiligten bieten und die Koordination von Informationen sowie das Erreichen nachhaltiger Designziele unterstützen. Dabei müssen jedoch auch die technischen, finanziellen und rechtlichen Risiken, die mit der Anwendung von Blockchain-Technologie verbunden sind, berücksichtigt werden [s32]. Ein Beispiel hierfür wäre die Speicherung von BIM-Daten und Änderungen an diesen Daten in der Blockchain, um eine manipulationssichere Dokumentation des gesamten Planungsprozesses zu gewährleisten. Dies könnte unter anderem dazu beitragen, Streitigkeiten über Verantwortlichkeiten und die korrekte Ausführung von Planungsänderungen zu vermeiden.

## Gut zu wissen

**Building Information Modeling (BIM)**
Eine Methode der digitalen Modellierung, die alle relevanten Informationen über ein Gebäude in einem zentralen Modell zusammenführt. BIM unterstützt die Gewerkeabstimmung und die Umsetzung nachhaltiger Bauweisen durch verbesserte Visualisierung und Datenanalyse.

**Mechanische, elektrische und sanitäre (MEP) Gewerke**
Diese Gewerke sind im nachhaltigen Bauen besonders wichtig für die Integration von energieeffizienten Systemen und ressourcenschonenden Technologien. Ihre Koordination ist entscheidend für die Funktionalität und Nachhaltigkeit des Gebäudes.

**Sequentielle Koordinationsmethode**
Bei dieser Methode werden die Planungen der verschiedenen Gewerke nacheinander integriert und aufeinander abgestimmt, um die Komplexität der Abstimmung im nachhaltigen Bauen zu reduzieren und die Kontrolle über Änderungen zu erleichtern.

**Technologien zur Konflikterkennung**
Softwarelösungen, die Inkonsistenzen und Kollisionen in digitalen Gebäudemodellen erkennen. Im nachhaltigen Bauen helfen diese Technologien, Planungsfehler frühzeitig zu identifizieren und die Umsetzung nachhaltiger Maßnahmen zu gewährleisten.

## Gewerke-Koordinationsaufwand

Koordinationsaufwand nach Gewerken

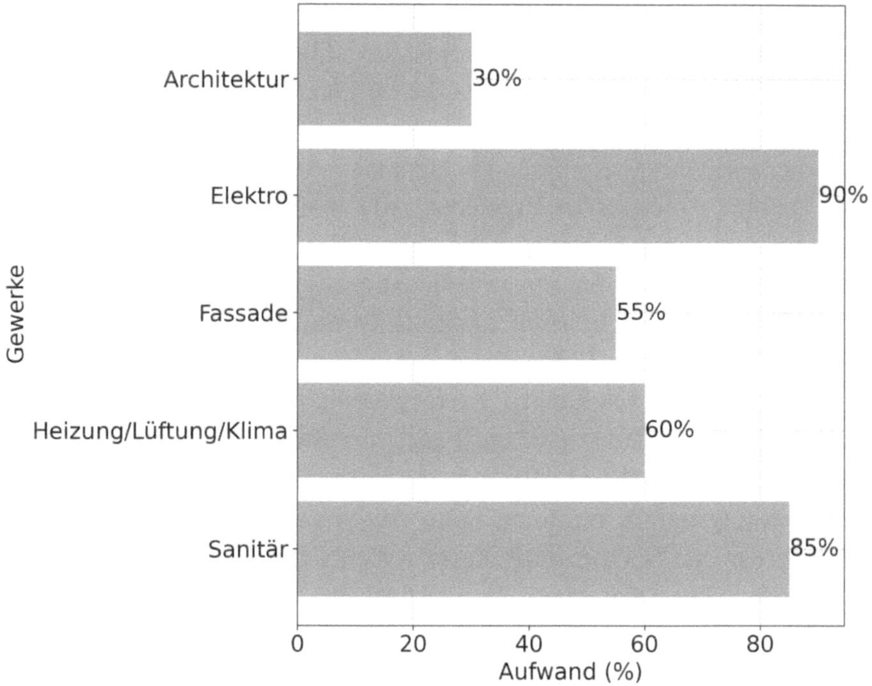


ARC: Architektur

ELE: Elektro

FAS: Fassade

HVAC: Heizung, Lüftung, Klima

SAN: Sanitär

Der horizontale Balkenchart visualisiert den relativen Koordinationsaufwand verschiedener Gewerke im nachhaltigen Bauen. Heizung/Lüftung/Klima und Architektur erfordern den höchsten Koordinationsaufwand, während Elektro und Fassade einen geringeren, aber dennoch signifikanten Aufwand benötigen. Sanitär erfordert den geringsten Aufwand.

## Terminsteuerung

Die Steuerung der Termine im Bauablauf beeinflusst maßgeblich den Projekterfolg im nachhaltigen Bauen. Eine präzise Zeitplanung, die sämtliche Abhängigkeiten zwischen den einzelnen Arbeitspaketen berücksichtigt, bildet die Grundlage für eine effiziente Projektabwicklung. Dabei gilt es, nicht nur die Dauer der einzelnen Gewerke zu kalkulieren, sondern auch die Übergaben zwischen ihnen, inklusive notwendiger Pufferzeiten für unvorhergesehene Ereignisse, einzuplanen. Ähnlich der Vorabplanung von Terminen in anderen Bereichen, wie in [s33] beschrieben, erhöht eine vorausschauende Terminplanung im Bauwesen die Effizienz und hilft, potenzielle Verzögerungen frühzeitig zu erkennen. Ein detaillierter Terminplan dient als Kommunikationsinstrument und ermöglicht allen Beteiligten, den Projektfortschritt transparent nachzuvollziehen und rechtzeitig auf Abweichungen zu reagieren. Für die Umsetzung bietet sich die Methode des kritischen Pfades an, die den längsten Weg durch das Projektnetzwerk identifiziert und somit den frühestmöglichen Fertigstellungstermin bestimmt. Alle Aktivitäten auf diesem Pfad sind kritisch, da jede Verzögerung dieser Arbeiten direkt den Gesamttermin beeinflusst. Die Kenntnis des kritischen Pfades erlaubt es dem Projektmanager, Ressourcen gezielt einzusetzen und bei Bedarf Anpassungen vorzunehmen. So können beispielsweise durch die Optimierung kritischer Arbeitsabläufe oder die Beschleunigung einzelner Gewerke Zeitgewinne erzielt werden. Ähnlich der Echtzeitanpassung in der Energieversorgung, wie in [s34] erläutert, ermöglicht die kontinuierliche Überwachung und Anpassung des Bauzeitenplans eine flexible Reaktion auf unvorhersehbare Ereignisse und trägt zur Stabilität des Projektablaufs bei.

Neben der eigentlichen Zeitplanung spielt die Kommunikation eine entscheidende Rolle für die erfolgreiche Terminsteuerung. Regelmäßige Baubesprechungen, bei denen der aktuelle Projektstatus mit allen Beteiligten diskutiert wird, dienen dem Informationsaustausch und der frühzeitigen Identifikation potenzieller Probleme. Dabei sollten nicht nur die Fortschritte, sondern auch etwaige Schwierigkeiten und notwendige Anpassungen des Terminplans offen kommuniziert werden. Die Dokumentation der Besprechungsergebnisse und die transparente Verfügbarkeit aller relevanten Informationen für alle Beteiligten sind essenziell für eine reibungslose Zusammenarbeit. Eine digitale Projektplattform kann hier wertvolle Unterstützung bieten, indem sie den zentralen Zugriff auf alle relevanten Dokumente und Informationen ermöglicht und die Kommunikation zwischen den Projektteilnehmern vereinfacht. Durch die frühzeitige Einbindung aller Gewerke in die Terminplanung und die transparente Kommunikation können Konflikte minimiert und eine effiziente Projektabwicklung sichergestellt werden. So wird ein reibungsloser Ablauf gewährleistet und das Projekt kann termingerecht und innerhalb des vorgegebenen Budgets abgeschlossen werden. Eine durchdachte und aktiv gemanagte Terminsteuerung trägt somit wesentlich zum Erfolg eines nachhaltigen Bauprojekts bei.

*Baubesprechung* [i25]

*Kritischer Pfad* [i26]

## Gut zu wissen

**Arbeitspakete**

In der nachhaltigen Bauplanung werden Arbeitspakete definiert, um den gesamten Bauprozess in kleinere, überschaubare Einheiten zu unterteilen und so eine bessere Kontrolle und Koordination zu ermöglichen. Dies erleichtert die Ressourcenzuteilung und die Überwachung des Fortschritts.

**Baubesprechungen**

Regelmäßige Baubesprechungen dienen im nachhaltigen Bauen der Koordination aller Beteiligten. Hier werden Fortschritte, Probleme und notwendige Anpassungen des Bauplans besprochen, um einen reibungslosen Ablauf zu gewährleisten.

**Digitale Projektplattform**

Eine digitale Projektplattform kann im nachhaltigen Bauen die Koordination und Kommunikation zwischen den Projektbeteiligten verbessern, indem sie einen zentralen Zugriff auf alle relevanten Informationen und Dokumente ermöglicht.

**Kritischer Pfad**

Der kritische Pfad im nachhaltigen Bauen ist die Abfolge von Arbeitspaketen, die die Gesamtprojektdauer bestimmt. Verzögerungen auf diesem Pfad wirken sich direkt auf den Fertigstellungstermin aus. Die Identifizierung und Optimierung des kritischen Pfades ist daher essenziell für die effiziente Projektsteuerung.

# Termintreue im nachhaltigen Bauen

Vergleich von geplantem und tatsächlichem Projektzeitplan für nachhaltige Baupraktiken.

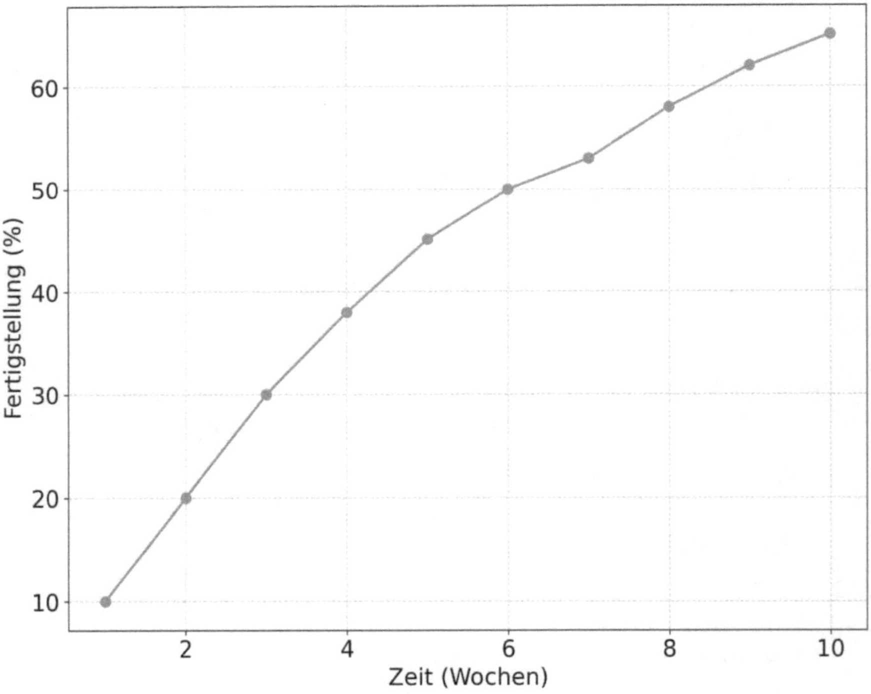


Der Graph zeigt zunächst die Einhaltung des geplanten Zeitplans, gefolgt von zunehmenden Verzögerungen, möglicherweise aufgrund unvorhergesehener Komplexitäten im nachhaltigen Bauen. Die Abweichung unterstreicht die Notwendigkeit einer robusten Notfallplanung und eines proaktiven Managements von nachhaltigen Bauprojekten, um Abweichungen zu minimieren und eine pünktliche Fertigstellung sicherzustellen.

## Konfliktmanagement

Konfliktmanagement im Bauwesen ist unabdingbar für den Projekterfolg und beeinflusst die Einhaltung von Terminen und Budgets. Unterschiedliche Perspektiven und Interessen der Beteiligten – Architekten, Fachplaner, Bauunternehmen und Auftraggeber – können zu Unstimmigkeiten führen. Effektives Konfliktmanagement umfasst die frühzeitige Identifikation potenzieller Konfliktquellen, die Analyse der Ursachen und die Entwicklung gemeinsamer Lösungen. Ähnlich wie bei der Koordination internationaler Organisationen, wo fehlende Führung und unklare Mandate zu Koordinationsschwierigkeiten führen [s35], kann auch im Bauwesen die Abwesenheit einer klaren Verantwortlichkeit für die Konfliktlösung zu Ineffizienz und Verzögerungen führen. Daher ist die Benennung einer zentralen Instanz, zu vergleichen mit dem "Orchestrator" im internationalen Kontext [s35], ratsam, die die Konfliktlösung koordiniert und gemeinsame Problemlösungsstrategien fördert. Konflikte entstehen häufig durch unklare Kommunikation, Informationsdefizite oder unterschiedliche Interpretationen von Vertragsbedingungen. Ein detailliertes Projektbriefing, transparente Dokumentation und regelmäßige Abstimmungen zwischen den Projektbeteiligten minimieren das Risiko von Missverständnissen. Digitale Plattformen, die allen Beteiligten Zugriff auf aktuelle Pläne, Dokumente und Kommunikationsverläufe ermöglichen, unterstützen den Informationsfluss und fördern die Transparenz. So lassen sich Konflikte frühzeitig erkennen und beheben, bevor sie eskalieren und den Projektfortschritt beeinträchtigen. Die Dimensionen der Koordination, wie interorganisationales Wissensmanagement und gemeinsame Problemlösung [s35], finden auch im Bauwesen Anwendung. Der Austausch von Fachwissen und die gemeinsame Erarbeitung von Lösungen sind essenziell für ein erfolgreiches Konfliktmanagement. Ein strukturierter Konfliktlösungsprozess umfasst mehrere Phasen: - die Definition des Konflikts und der beteiligten Parteien, - die Analyse der Konfliktursachen, - die Entwicklung von

Lösungsoptionen in gemeinsamer Abstimmung und - die verbindliche Festlegung der vereinbarten Maßnahmen. Die Dokumentation der Konfliktlösung und die Überprüfung der Umsetzung sind wichtige Schritte, um sicherzustellen, dass der Konflikt nachhaltig beigelegt ist. Im Falle von schwerwiegenden Konflikten, die sich intern nicht lösen lassen, kann die Hinzuziehung eines externen Mediators sinnvoll sein. Dieser unterstützt die Konfliktparteien bei der Findung einer einvernehmlichen Lösung. Eine gut etablierte Konfliktkultur, die auf offener Kommunikation, gegenseitigem Respekt und konstruktiver Zusammenarbeit basiert, trägt dazu bei, Konflikte effektiv zu managen und das Projekt erfolgreich abzuschließen. Ähnlich wie in fragmentierten internationalen Arrangements [s35], wo das Fehlen eines dominierenden Akteurs zu mangelnder Initiative führt, kann auch im Bauwesen Passivität bei der Konfliktlösung negative Folgen haben. Proaktives Handeln und die Übernahme von Verantwortung sind daher entscheidend für ein effizientes Konfliktmanagement. Ein Beispiel hierfür wäre die frühzeitige Einberufung eines Konfliktlösungsworkshops bei auftretenden Meinungsverschiedenheiten bezüglich der Fassadengestaltung, um gemeinsam eine Lösung zu erarbeiten, die sowohl den ästhetischen Ansprüchen des Architekten als auch den technischen Vorgaben des Bauunternehmens gerecht wird. Die Dokumentation der Ergebnisse in einem Änderungsprotokoll, das allen Beteiligten zugänglich ist, sichert die Transparenz und verhindert zukünftige Konflikte.

## Gut zu wissen

**Konfliktkultur**

Eine positive Einstellung zur Konfliktlösung im nachhaltigen Bauen, die auf offener Kommunikation und Respekt basiert und zu konstruktiven Lösungen beiträgt, z.B. bei der Planung von Recyclingprozessen auf der Baustelle.

**Konfliktlösungsprozess**

Ein strukturierter Ablauf zur Lösung von Konflikten im nachhaltigen Bauen, der die Definition des Problems, die Analyse der Ursachen, die Entwicklung von Lösungen und die Umsetzung der Vereinbarungen umfasst. Ein Beispiel wäre die Klärung von Unstimmigkeiten bei der Integration von Regenwassernutzungsanlagen.

**Konfliktmanagement**

Im nachhaltigen Bauen umfasst Konfliktmanagement die frühzeitige Erkennung und Lösung von Meinungsverschiedenheiten, z.B. bei der Auswahl nachhaltiger Materialien, um die Projektziele nicht zu gefährden.

**Potenzielle Konfliktquellen in der nachhaltigen Baukoordination**

Verteilung potenzieller Konfliktquellen während der Baukoordination.

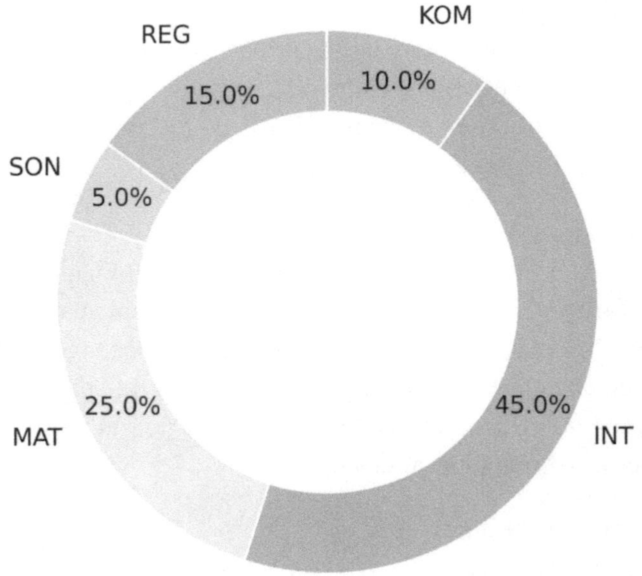


INT: Schnittstellenkonflikte (BIM, TGA, etc.)

KOM: Kommunikation und Informationsfluss

MAT: Materialverfügbarkeit und Logistik

REG: Regulatorische Compliance und Genehmigungen

SON: Sonstiges (z.B. Budgetänderungen, Baustellenbedingungen)

Die Visualisierung zeigt, dass Schnittstellenkonflikte die bedeutendste Quelle potenzieller Konflikte darstellen, was die Notwendigkeit einer robusten BIM-Koordination und klarer Kommunikationsprotokolle unterstreicht. Während Materialverfügbarkeit und regulatorische Compliance ebenfalls wichtige Faktoren sind, deuten ihre geringeren Anteile darauf hin, dass proaktive Planung und Stakeholder-Engagement diese Risiken effektiv mindern können. Die Bewältigung des dominanten Problems der Schnittstellenkonflikte sollte priorisiert werden, um eine reibungslose Projektabwicklung im nachhaltigen Bauen zu gewährleisten.

**Konkrete Ratschläge**

- Nutzen Sie einen gemeinsamen digitalen Kalender, um die Verfügbarkeit aller Gewerke für Besprechungen und Baustellentermine transparent zu machen.
- Erstellen Sie ein "Koordinationstagebuch", in dem alle relevanten Entscheidungen, Absprachen und Änderungen festgehalten werden.
- Vereinbaren Sie feste Kommunikationswege und -zeiten für die Gewerke, um den Informationsfluss zu strukturieren und Missverständnisse zu vermeiden.
- Organisieren Sie regelmäßige "Koordinations-Sprints" mit den wichtigsten Gewerken, um fokussiert kritische Schnittstellen zu klären.
- Visualisieren Sie die Verantwortlichkeiten für die Koordination einzelner Gewerke durch ein Rollen- und Aufgabenmatrix.
- Richten Sie ein "Koordinations-Cockpit" ein, das den aktuellen Status der Gewerkeabstimmung übersichtlich darstellt.
- Führen Sie "Schnittstellen-Checks" durch, bei denen die Gewerke gemeinsam die kritischen Übergänge ihrer Arbeiten überprüfen.
- Entwickeln Sie ein Bonussystem für Gewerke, die sich durch besonders gute Koordination auszeichnen.
- Etablieren Sie eine Feedback-Kultur, in der die Gewerke regelmäßig ihre Erfahrungen mit der Koordination austauschen und Verbesserungsvorschläge einbringen.
- Setzen Sie auf Gamification-Elemente, um die Motivation der Gewerke für eine optimale Koordination zu steigern (z.B. Punktevergabe für termingerechte Absprachen).

**Rückblick - 3. Baumanagement**

Nachhaltiges Bauen erfordert ein durchdachtes Baumanagement, das ökologische, ökonomische und soziale Aspekte gleichermaßen berücksichtigt. Von der initialen Logistikplanung bis hin zum Konfliktmanagement – jeder Schritt beeinflusst die Nachhaltigkeit des Projekts. Besonders die Logistik birgt großes Optimierungspotenzial. Anstatt die Materialverwaltung den Subunternehmern zu überlassen, sollten Sie ein zentrales Logistikkonzept entwickeln. Konsolidierungszentren reduzieren die Transportwege und minimieren so die CO2-Emissionen, wie die im Ausgangstext erwähnten Simulationen belegen. Denken Sie auch an die digitale Modellierung der Logistikprozesse. Ein 3D-Modell mit detailliertem Zeitplan und Ressourcenübersicht ermöglicht eine präzise Planung und Simulation von Materialflüssen und Maschinenbewegungen. Beachten Sie dabei die unterschiedlichen Materialgruppen: Schwere Materialien wie Beton und Stahl verursachen den größten Teil der Transportemissionen und sollten daher prioritär optimiert werden. Prüfen Sie zudem, ob alternative Materialien mit geringerer CO2-Bilanz eingesetzt werden können.

Ressourcenmanagement im nachhaltigen Bauen geht über den effizienten Materialeinsatz hinaus und umfasst auch den bewussten Umgang mit Personal. Investieren Sie in die Weiterbildung Ihrer Mitarbeiter zu Themen wie ressourcenschonende Bauverfahren und Abfallvermeidung. Eine motivierte und gut ausgebildete Belegschaft trägt maßgeblich zum Projekterfolg bei. Setzen Sie Kennzahlen ein, um die Ressourceneffizienz zu überwachen und zu optimieren. Das Earned Value Management (EVM) bietet hierfür bewährte Instrumente. Berücksichtigen Sie bei der Planung auch Unsicherheiten und potenziell unzuverlässige Daten. Methoden wie die Fuzzy-Logik können Ihnen helfen, mit diesen Unschärfen umzugehen und fundierte Entscheidungen zu treffen. Achten Sie auf eine ausgewogene Ressourcenauslastung über den gesamten Projektzeitraum. Spitzenauslastungen in einzelnen Phasen können zu Ineffizienzen und Verschwendung führen.

Eine lückenlose Dokumentation ist im nachhaltigen Bauen unerlässlich. Dokumentieren Sie alle relevanten Informationen vom ersten Planungsschritt bis zum Rückbau des Gebäudes. Dies umfasst die Materialherkunft, die Bauweise, durchgeführte Qualitätskontrollen und Wartungsarbeiten. Eine transparente Dokumentation schafft Vertrauen, erleichtert die Zusammenarbeit und ermöglicht eine spätere Bewertung der Nachhaltigkeitsleistung. Ein digitales Mängelmanagement-System, idealerweise verknüpft mit BIM, ermöglicht eine effiziente Erfassung, Analyse und Bearbeitung von Mängeln. Definieren Sie klare Qualitätsstandards und Kontrollpunkte im Bauprozess. Die frühzeitige Erkennung und Behebung von Mängeln spart Zeit und Kosten. Beziehen Sie auch Ihre Lieferkette aktiv in den Prozess ein und achten Sie auf klare vertragliche Regelungen.

Gewerkeabstimmung und Terminsteuerung sind weitere Schlüsselfaktoren für den Erfolg Ihres Projekts. Setzen Sie auf Building Information Modeling (BIM) und Technologien zur Konflikterkennung, um Kollisionen und Missverständnisse frühzeitig zu identifizieren und zu beheben. Eine sequentielle Koordinationsmethode, bei der die Gewerke nacheinander ihre Planung einbringen, kann die Komplexität reduzieren. Definieren Sie klare Verantwortlichkeiten für die Gewerkeabstimmung und schulen Sie Ihr Personal im Umgang mit BIM-Technologien. Eine präzise Zeitplanung mit Berücksichtigung des kritischen Pfades ist essenziell für die Einhaltung von Terminen. Regelmäßige Baubesprechungen und eine digitale Projektplattform fördern die Kommunikation und Transparenz. Ein proaktives Konfliktmanagement rundet Ihr Baumanagement ab. Etablieren Sie eine positive Konfliktkultur und einen strukturierten Konfliktlösungsprozess. Seien Sie bei der Konfliktlösung initiativ und scheuen Sie sich nicht, bei Bedarf einen externen Mediator hinzuzuziehen.

Nachhaltiges Bauen stellt hohe Anforderungen an das Baumanagement. Mit einem ganzheitlichen Ansatz, der alle Aspekte von der Logistik bis zum Konfliktmanagement berücksichtigt, können Sie diese Herausforderungen meistern und Ihr Projekt erfolgreich und nachhaltig umsetzen. Investieren Sie in digitale Technologien, fördern Sie die Zusammenarbeit und Kommunikation und schaffen Sie eine Kultur der Transparenz und des kontinuierlichen Verbesserungsprozesses. Der Mehraufwand lohnt sich – für Sie, Ihre Kunden und die Umwelt.

# 4. Ressourceneffizienz

Wie können wir mit den begrenzten Ressourcen unseres Planeten verantwortungsvoll umgehen und gleichzeitig hochwertige Gebäude errichten? Die Baubranche steht vor der Herausforderung, den steigenden Bedarf an Wohnraum mit den Grenzen der Verfügbarkeit natürlicher Rohstoffe in Einklang zu bringen. Moderne Baukonzepte zeigen, dass durchdachtes Ressourcenmanagement nicht nur die Umwelt schont, sondern auch wirtschaftliche Vorteile bietet. Ein intelligenter Umgang mit Wasser, Material und Energie wird zum entscheidenden Erfolgsfaktor für zukunftsfähiges Bauen. In diesem Kapitel entdecken Sie praxiserprobte Strategien, die Ihr Bauprojekt sowohl ökologisch als auch ökonomisch optimieren.

## 4. 1 Wassermanagement

Effizientes Wassermanagement im Gebäude ist zentral für nachhaltiges Bauen. Es reduziert den Trinkwasserverbrauch und die Abwassermenge, was Kosten spart und die Umwelt schont. Von der Regenwassernutzung über die Grauwasseraufbereitung bis hin zu wassersparenden Installationen existieren vielfältige Möglichkeiten, den Wasserfußabdruck zu minimieren. Entdecken Sie im Folgenden, wie Sie diese Strategien in Ihrem Bauprojekt optimal umsetzen.

> *Ganzheitliches Wassermanagement im Haus umfasst nicht nur Regenwassergewinnung und Grauwasseraufbereitung, sondern auch die konsequente Minimierung des Wasserverbrauchs durch wassersparende Installationen und Armaturen.*

## Regenwassernutzung

*Gewerbeimmobilie* [i27]

Regenwassernutzung bietet im Kontext nachhaltigen Bauens diverse Anwendungsmöglichkeiten, sowohl für private Haushalte als auch für Gewerbeimmobilien [s36]. Durch die Sammlung und Speicherung von Regenwasser lässt sich der Bedarf an aufbereitetem Trinkwasser reduzieren und so ein Beitrag zu einem ressourcenschonenden Lebensstil leisten [s36]. Regenwasser eignet sich unter anderem für die Toilettenspülung, die Gartenbewässerung und die Waschmaschine. Durch die Nutzung von Regenwasser für diese Zwecke sinkt der Verbrauch von Trinkwasser, was zu Einsparungen bei den Wasserkosten führt [s36]. Darüber hinaus kann die Nutzung von Regenwasser die Belastung der öffentlichen Kanalisation bei Starkregenereignissen verringern und somit zur Minderung von Überschwemmungen beitragen [s36]. Die Qualität des gesammelten Regenwassers wird durch verschiedene Faktoren beeinflusst, unter anderem durch die Beschaffenheit der Dachfläche und die Umgebungsbedingungen [s36]. Daher sind regelmäßige Kontrollen der Wasserqualität ratsam. Gegebenenfalls kann eine zusätzliche Aufbereitung notwendig sein, um die Anforderungen für den jeweiligen Verwendungszweck zu erfüllen [s36]. Für die Nutzung als Trinkwasser sind strengere Qualitätskriterien und eine entsprechende Aufbereitung unerlässlich.

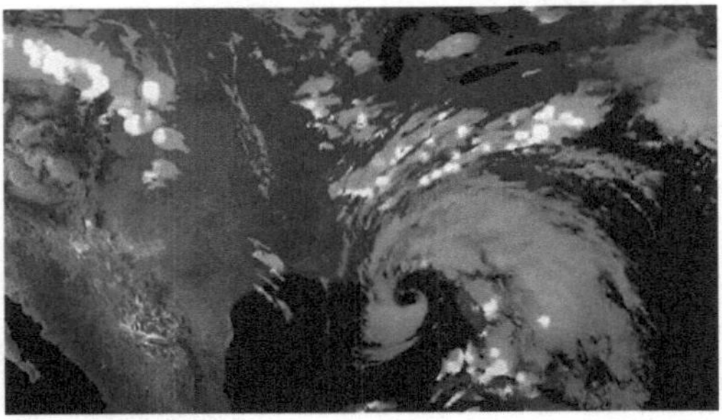

*Starkregenereignis* [i28]

Auch in der Landwirtschaft trägt die Regenwassernutzung zur nachhaltigen Bewirtschaftung von Anbauflächen bei [s37]. Die Speicherung von Regenwasser in Zisternen oder Rückhaltebecken ermöglicht die Bewässerung von Feldern während Trockenperioden und reduziert die Abhängigkeit von anderen Bewässerungsquellen [s37]. Dies erhöht die Wassersicherheit und trägt zur Verbesserung der Ernteerträge bei [s37]. Die Kombination von Regenwassermanagement mit effizienter Bewässerungstechnik optimiert den Wasserverbrauch und steigert die Wasserproduktivität [s37]. Ein Landwirt kann durch den Bau von Rückhaltebecken oder die Anlage von Versickerungsflächen das Regenwasser gezielt speichern und so die Wasserverfügbarkeit auf seinen Feldern verbessern.

*Rückhaltebecken* [i29]

*Zisterne* [i30]

## Gut zu wissen

**Gewerbeimmobilien**

Gewerbeimmobilien können durch Regenwassernutzungssysteme ihren Wasserbedarf decken und gleichzeitig Kosten senken. Die Integration solcher Systeme in die Gebäudeplanung trägt zur Nachhaltigkeit bei und verbessert das ökologische Profil des Unternehmens.

**Regenwassernutzung**

Im nachhaltigen Bauen spielt die Regenwassernutzung eine wichtige Rolle, um den Trinkwasserverbrauch zu senken und die Umweltbelastung zu reduzieren. Durch die Sammlung von Regenwasser kann dieses für verschiedene Zwecke, wie Toilettenspülung oder Gartenbewässerung, wiederverwendet werden, was zu einer effizienteren Nutzung der Ressource Wasser beiträgt.

**Starkregenereignissen**

Regenwassernutzungssysteme können dazu beitragen, die Auswirkungen von Starkregenereignissen zu mindern, indem sie Wasser zurückhalten und so die Kanalisation entlasten. Dies reduziert das Risiko von Überschwemmungen und schützt die Infrastruktur.

**Versickerungsflächen**

Versickerungsflächen ermöglichen die natürliche Versickerung von Regenwasser in den Boden und tragen so zur Grundwasserneubildung bei. Im nachhaltigen Bauen werden sie eingesetzt, um den Wasserkreislauf zu unterstützen und die Kanalisation zu entlasten.

## Regenwasser-Nutzungspotenzial

Typische Anwendungen und geschätzte Einsparungen

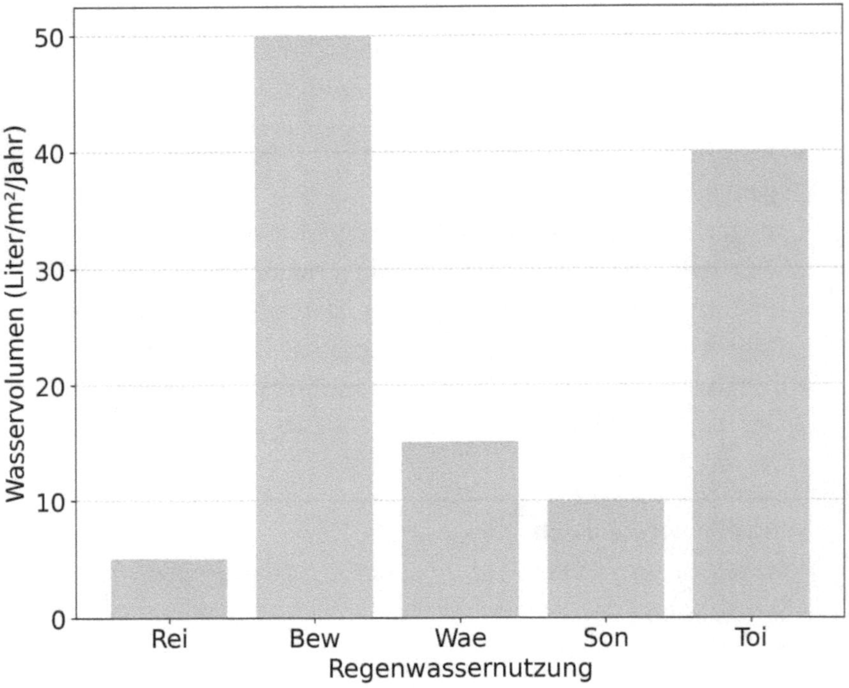


Bew: Bewässerung

Son: Sonstiges

Wae: Wäsche

Rei: Reinigung

Toi: Toilettenspülung

Diese Grafik zeigt das bedeutende Potenzial der Regenwassernutzung zur Reduzierung des Trinkwasserbedarfs in Gebäuden. Toilettenspülung und Gartenbewässerung stellen die größten Möglichkeiten zur Substitution dar und zeigen, wie Regenwasser den Verbrauch von aufbereitetem Wasser für nicht-potable Zwecke effektiv ersetzen kann. Die Umsetzung dieser Strategien trägt zum Wassersparen bei und fördert nachhaltige Gebäudepraktiken.

## Grauwasseraufbereitung

*Gartenbewässerung* [i31]

*Toilettenspülung* [i32]

Grauwasser, also Abwasser aus Duschen, Waschbecken und Waschmaschinen, birgt erhebliches Einsparpotenzial für Trinkwasser. Im Gegensatz zu Schwarzwasser, das Fäkalien enthält, ist Grauwasser weniger stark verschmutzt und kann nach einer Aufbereitung für verschiedene Zwecke wiederverwendet werden [s38]. Die lokale, dezentrale Aufbereitung von Grauwasser direkt am Entstehungsort – etwa im Haushalt oder in Gewerbeimmobilien – bietet ökologische und ökonomische Vorteile. So kann durch die Nutzung modularer Anlagen, die an die jeweilige Menge anfallendem Grauwassers angepasst werden können, behandeltes Wasser für die Gartenbewässerung oder Toilettenspülung gewonnen werden [s38]. Dies reduziert nicht nur den Verbrauch von Frischwasser, sondern entlastet auch die Kanalisation, was insbesondere bei Starkregenereignissen relevant ist. Die Aufbereitung selbst umfasst verschiedene Verfahren, zu vergleichen mit den Schritten der Trinkwasseraufbereitung, wie Koagulation, Flockung und Desinfektion, um die Wasserqualität für die jeweilige Nutzung zu optimieren [s38]. Ein Hausbesitzer mit Garten könnte so durch die Installation einer entsprechenden Anlage seinen Trinkwasserbedarf deutlich senken und gleichzeitig die Umwelt schonen. Die Investition in eine solche Anlage kann sich langfristig durch die eingesparten Wasserkosten amortisieren [s38]. Zudem trägt die Wiederverwendung von Grauwasser, besonders in wasserarmen Gebieten, zu einer nachhaltigeren Wasserwirtschaft bei.

### Gut zu wissen

**Desinfektion**
Beseitigung von Krankheitserregern im Wasser durch chemische oder physikalische Verfahren, wie z.B. UV-Bestrahlung oder Chlorung. Die Desinfektion ist ein wichtiger Schritt in der Wasseraufbereitung, um die Sicherheit des Wassers zu gewährleisten.

**Dezentrale Aufbereitung**
Behandlung von Abwasser direkt vor Ort, beispielsweise im Haushalt oder im Gewerbegebäude, anstatt in einer zentralen Kläranlage. Dies ermöglicht eine flexible und ressourcenschonende Abwasserbehandlung, die an die individuellen Bedürfnisse angepasst werden kann.

**Schwarzwasser**
Stark verschmutztes Abwasser, das Fäkalien enthält und einer intensiven Reinigung bedarf, bevor es wiederverwendet oder in die Umwelt eingeleitet werden kann. Im Gegensatz zu Grauwasser ist Schwarzwasser nicht für die direkte Wiederverwendung geeignet.

## Grauwasser-Recyclingpotenzial

Potenzielle Grauwasserquellen in einem typischen Haushalt.

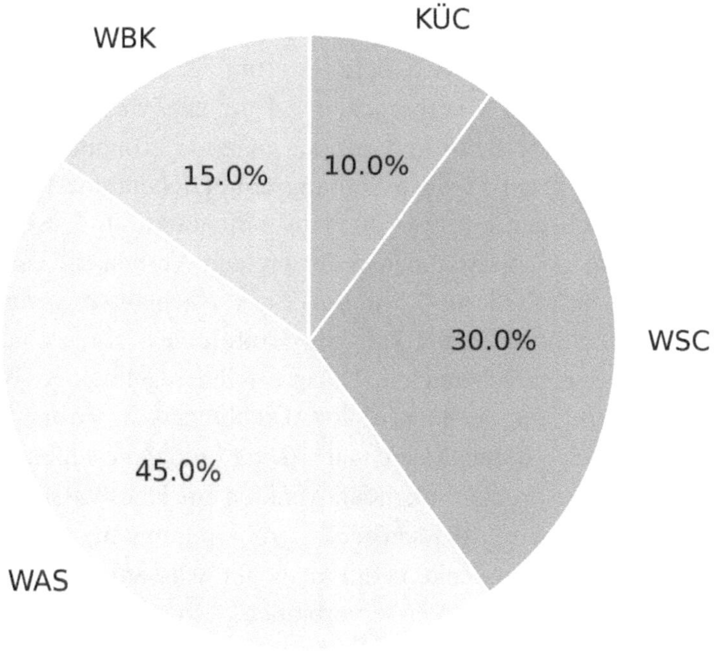


KÜC: Küchenspülen
WBK: Waschbecken
WAS: Waschwasser
WSC: Duschwasser

Ein erheblicher Teil des Wasserverbrauchs im Haushalt kann auf Quellen zurückgeführt werden, die sich für das Grauwasser-Recycling eignen. Die Implementierung eines Grauwassersystems kann den Trinkwasserverbrauch für nicht-trinkwasserrelevante Zwecke wie Toilettenspülung und Bewässerung drastisch reduzieren, was den Wasserschutz fördert und die Belastung der kommunalen Wasserressourcen verringert. Die Konzentration auf die Erfassung und Behandlung von Dusch- und Waschwasser bietet das größte Potenzial für Wassereinsparungen.

## Wassersparende Installation

Wassersparende Installationen tragen entscheidend zu einem reduzierten Wasserverbrauch in Gebäuden bei. Armaturen und Geräte mit geringem Durchfluss minimieren den Wasserbedarf, ohne den Komfort zu beeinträchtigen. Duschköpfe mit einem integrierten Durchflussbegrenzer verbrauchen deutlich weniger Wasser als herkömmliche Modelle und wassersparende Toilettenspülungen mit Spartaste oder Zwei-Mengen-Spülung ermöglichen eine bedarfsgerechte Nutzung. Auch der Einsatz von Sensorarmaturen an Waschbecken und in öffentlichen Sanitärräumen reduziert den Verbrauch, da das Wasser nur bei Bedarf fließt und ein unnötiges Nachlaufen verhindert wird. Ein tropfender Wasserhahn kann im Laufe eines Jahres eine erhebliche Menge Wasser verschwenden. Daher ist die regelmäßige Wartung und gegebenenfalls der Austausch von Dichtungen in Armaturen ratsam. Neben diesen Maßnahmen an den Entnahmestellen bietet die Installation von druckmindernden Ventilen im Hauswasseranschluss die Möglichkeit, den Wasserdruck zu regulieren und so den Gesamtverbrauch zu senken. Ein zu hoher Wasserdruck führt nicht nur zu einem erhöhten Wasserverbrauch, sondern kann auch die Lebensdauer von Armaturen und Rohrleitungen verkürzen. Bei der Auswahl von Haushaltsgeräten wie Waschmaschinen und Geschirrspülern sollte auf deren Wasserverbrauch geachtet werden. Geräte mit einem niedrigen Wasserverbrauch und einer hohen Energieeffizienzklasse tragen sowohl zur Wassereinsparung als auch zur Reduzierung der Energiekosten bei. Durch die Kombination verschiedener wassersparender Maßnahmen lässt sich der Wasserverbrauch in Gebäuden deutlich reduzieren und ein Beitrag zur nachhaltigen Wassernutzung leisten. Ein Neubau bietet die optimale Gelegenheit, von Beginn an auf wassersparende Installationen zu setzen und so die Grundlage für einen ressourcenschonenden Betrieb zu schaffen. Im Bestand lassen sich viele dieser Maßnahmen mit überschaubarem Aufwand nachrüsten. Ein Hausbesitzer könnte beispielsweise durch den Austausch seines alten Duschkopfes gegen ein modernes, wassersparendes Modell seinen Wasserverbrauch beim Duschen deutlich senken, ohne auf Komfort verzichten zu müssen.

## Wassereinsparpotenziale

Einsparpotenziale im Wasserverbrauch.

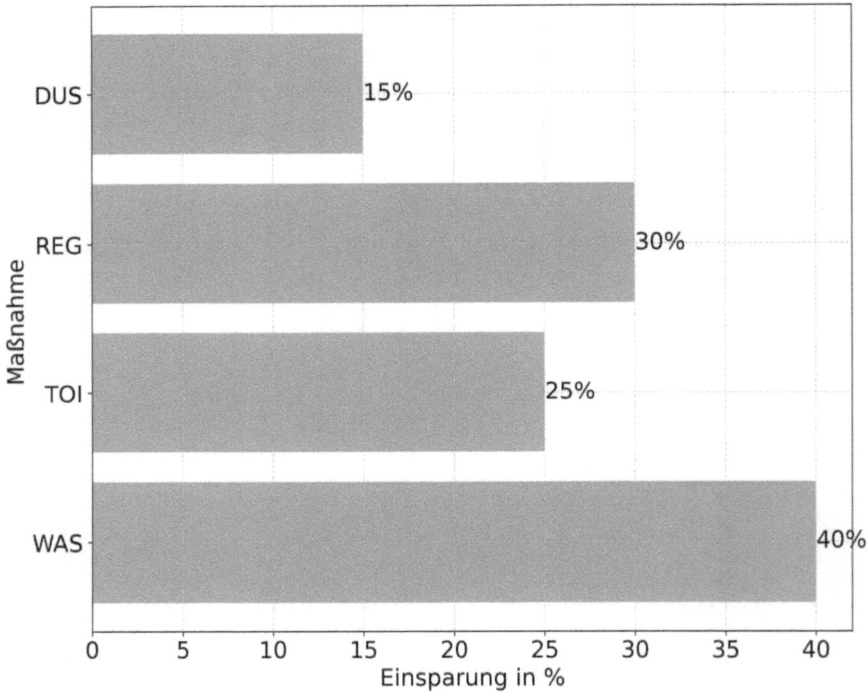


DUS: Duschkopf REG: Regenwasser

TOI: Toilette WAS: Waschmaschine

Das horizontale Balkendiagramm visualisiert die potenziellen Wassereinsparungen verschiedener Maßnahmen. Duschköpfe mit niedrigem Durchfluss bieten das größte Einsparpotenzial, gefolgt von wassersparenden Toiletten. Die Nutzung von Regenwasser für die Gartenbewässerung bietet ebenfalls erhebliche Einsparungen. Insgesamt verdeutlicht das Diagramm, dass durch Kombination verschiedener Maßnahmen erhebliche Mengen Wasser eingespart werden können.

**Konkrete Ratschläge**

- Ermitteln Sie den Wasserverbrauch Ihrer aktuellen Bewässerungsanlage und setzen Sie sich realistische Einsparziele.
- Entwickeln Sie ein dynamisches Bewässerungssystem, das den Wasserbedarf der Pflanzen anhand von Bodenfeuchtigkeitsmessungen und Wettervorhersagen ermittelt.
- Nutzen Sie wasserspeichernde Materialien wie Hydrogel im Boden, um die Bewässerungsintervalle zu verlängern und den Wasserverbrauch zu reduzieren.
- Experimentieren Sie mit alternativen Bewässerungsmethoden wie Tröpfchenbewässerung oder unterirdischer Bewässerung, um Verdunstungsverluste zu minimieren.
- Sammeln Sie das Kondenswasser Ihrer Klimaanlage und nutzen Sie es zur Bewässerung von Pflanzen im Innen- und Außenbereich.
- Leiten Sie das Wasser aus Ihrem Handwaschbecken in einen kleinen Behälter und verwenden Sie es zum Gießen von Zimmerpflanzen.
- Bauen Sie einen vertikalen Garten mit integriertem Bewässerungssystem, der das Wasser mehrfach nutzt und Verdunstung reduziert.
- Erstellen Sie eine Wasserbilanz für Ihr Grundstück, um alle Zu- und Abflüsse zu erfassen und Optimierungspotenziale aufzudecken.
- Installieren Sie einen Wasserzähler für jeden einzelnen Verbraucher, um den Wasserverbrauch detailliert zu analysieren und Einsparpotenziale zu identifizieren.
- Organisieren Sie einen "Wasser-Spar-Wettbewerb" in Ihrer Nachbarschaft oder Gemeinde, um das Bewusstsein für Ressourceneffizienz zu stärken.

## 4. 2 Abfallvermeidung

Im nachhaltigen Bauen spielt Abfallvermeidung eine zentrale Rolle für Ressourceneffizienz. Die enormen Abfallmengen auf Baustellen belasten die Umwelt erheblich. Effiziente Planung, optimierte Materialbedarfsermittlung und die konsequente Umsetzung der Abfallhierarchie – Vermeidung, Wiederverwendung, Recycling, Entsorgung – minimieren diese Belastung. Auch die Reduktion von Verpackungsmaterial durch angepasste Bestellprozesse und Mehrwegsysteme trägt maßgeblich zur Abfallminimierung bei. Erfahren Sie in diesem Kapitel, wie Sie diese Strategien in der Praxis umsetzen und so einen wichtigen Beitrag zum nachhaltigen Bauen leisten.

*Ressourceneffizienz im Bauwesen beginnt mit der Vermeidung von Abfällen durch präzise Planung und optimierte Prozesse, von der Materialbedarfsermittlung bis zur Verpackungsreduktion.*

## Baustellenabfälle

Baustellenabfälle fallen in großen Mengen an und belasten die Umwelt [s39]. Eine unzureichende Abfallbewirtschaftung, besonders in Entwicklungsländern, verstärkt diese Problematik [s39]. Um dem entgegenzuwirken, ist Abfallvermeidung durch optimierte Planung bereits in der Entwurfsphase wichtig [s39]. So kann eine präzise Materialbedarfsermittlung Überbestellungen und damit verbundenen Abfall reduzieren. Die Abfallhierarchie gibt dabei eine klare Prioritätensetzung vor: Vermeidung, Wiederverwendung, Recycling und erst zuletzt Entsorgung [s40]. Neben der Vermeidung ist die Wiederverwendung von Materialien ein wichtiger Aspekt. Beton, ein häufig anfallender Baustoff, lässt sich beispielsweise nach einem Erdbeben zu 35 % in neuen Bauprojekten wiederverwenden und reduziert so den Bedarf an neuen Rohstoffen sowie die CO2-Emissionen [s41]. Diese Wiederverwendung fördert die Ressourceneffizienz und trägt zu einer nachhaltigen Abfallwirtschaft bei [s41]. Die Entwicklung umfassender Abfallwirtschaftspläne, insbesondere für Katastrophenszenarien, hilft, Wiederverwendung und Recycling zu maximieren [s41]. Politische Anreize für eine verbesserte Abfallbewirtschaftung sowie die Förderung von Recycling und Wiederverwendung sind ebenfalls wichtige Instrumente zur Abfallminimierung [s39]. Ein klarer Rechtsrahmen und die Etablierung umweltfreundlicher Praktiken unterstützen diese Bemühungen zusätzlich [s39]. In einigen Regionen konnte durch die Umsetzung von Abfallrichtlinien die Deponiemenge bereits deutlich reduziert werden [s39]. Traditionell wurden Bau- und Abbruchabfälle oft als wertlos betrachtet und deponiert [s40]. Die Kreislaufwirtschaft bietet hier neue Ansätze, um die negativen Umweltauswirkungen zu minimieren [s40]. Um diese effektiv umzusetzen, bedarf es jedoch klarer Richtlinien, technologischer Innovationen und der Berücksichtigung rechtlicher, technischer, sozialer, verhaltensbezogener und wirtschaftlicher Aspekte [s40].

*Kreislaufwirtschaft* [i33]

## Gut zu wissen

**Abfallwirtschaftspläne**

Dokumente, die die Strategien und Maßnahmen zur Abfallvermeidung, -trennung und -entsorgung auf einer Baustelle detailliert beschreiben.

**Abfallwirtschaft**

Alle Maßnahmen zur Sammlung, Sortierung, Behandlung und Entsorgung von Abfällen. Im Kontext des nachhaltigen Bauens zielt sie auf die Minimierung von Abfällen und die Förderung von Wiederverwendung und Recycling ab.

**Entwurfsphase**

Die Phase eines Bauprojekts, in der die Planung des Gebäudes, einschließlich der Materialauswahl und der Bauweise, erfolgt. Hier werden die Grundlagen für eine effektive Abfallvermeidung gelegt.

**Kreislaufwirtschaft**

Ein Wirtschaftsmodell, das darauf abzielt, Produkte und Materialien so lange wie möglich im Wirtschaftskreislauf zu halten und Abfall zu minimieren. Im Bauwesen bedeutet dies die Wiederverwendung und das Recycling von Baustoffen.

**Materialbedarfsermittlung**

Die genaue Berechnung der benötigten Materialien für ein Bauprojekt. Eine präzise Ermittlung hilft, Materialüberschüsse und damit Abfall zu vermeiden.

## Bauabfallmanagement

Abfallvolumen, Kosten und Vermeidbarkeit nach Abfallart im Bauwesen.

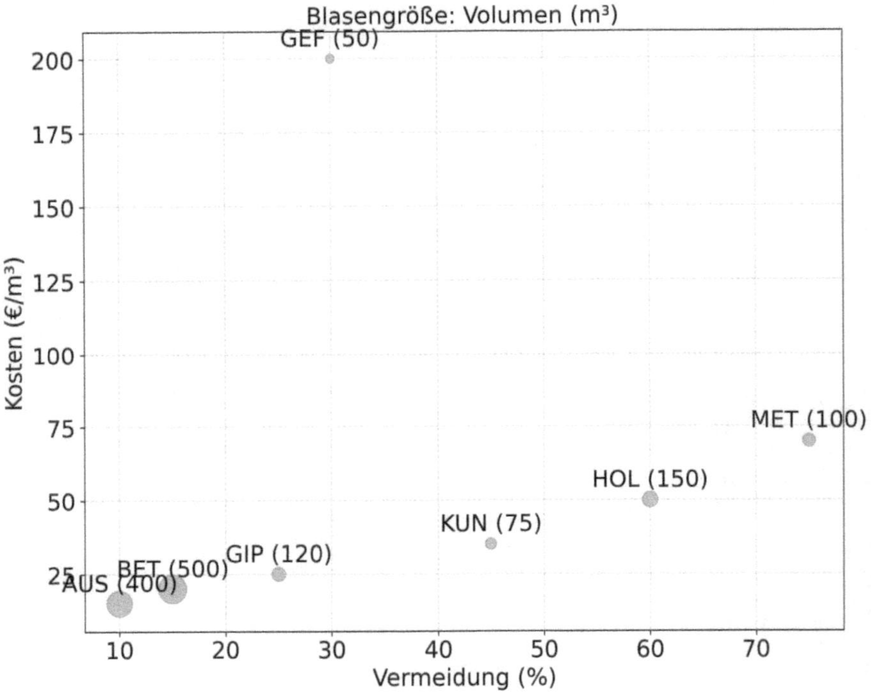


Blasengröße: Volumen (m3)

AUS: Aushub

BET: Beton

GEF: Gefährlich

GIP: Gipskarton

HOL: Holz

KUN: Kunststoff

MET: Metall

Beton- und Aushubabfälle stellen das größte Volumen dar, haben aber ein relativ geringes Vermeidungspotenzial und geringe Kosten. Holz und Metall haben zwar ein geringeres Volumen, aber ein deutlich höheres Vermeidungspotenzial, was auf Verbesserungsmöglichkeiten in der Praxis hinweist. Gefährliche Abfälle verursachen trotz ihres geringen Volumens die höchsten Kosten pro Einheit, was die Bedeutung einer sorgfältigen Handhabung und Entsorgung unterstreicht.

# Verpackungsreduktion

Verpackungsreduktion auf Baustellen trägt maßgeblich zur Abfallminimierung bei. Ein Großteil des Abfalls im Bauwesen entsteht durch Verpackungsmaterial von Baumaterialien. Durch gezielte Strategien lässt sich dieses Volumen deutlich verringern [s42]. Eine zentrale Maßnahme ist die Optimierung der Bestellprozesse und Lieferketten. Anstatt viele kleine Lieferungen mit jeweils eigener Verpackung zu erhalten, können größere, gebündelte Lieferungen die Verpackungsmenge reduzieren. Zu vergleichen ist dies mit dem Einkauf im Supermarkt: Einzeln verpackte Produkte erzeugen mehr Müll als lose Ware oder Großpackungen. Digitale Gebäudemodelle erlauben eine präzise Planung des Materialbedarfs und minimieren somit zusätzlich Verschnitt und Überbestellungen, was wiederum die anfallende Verpackungsmenge senkt [s42]. Darüber hinaus bieten Mehrwegsysteme für Verpackungen, wie beispielsweise Paletten oder Container, Potenzial zur Abfallvermeidung. Ein weiterer Ansatzpunkt ist der Einsatz von recycelten und recyclingfähigen Verpackungsmaterialien. Durch die Auswahl von Verpackungen aus recyceltem Material und die Sicherstellung, dass diese nach Gebrauch wiederverwertet werden können, wird der Kreislauf geschlossen und die Umweltbelastung reduziert [s43]. Ergänzend können Informationskampagnen und Schulungen für Bauarbeiter das

*Container* [i34]

*Gebäudemodell* [i35]

Bewusstsein für die Bedeutung der Verpackungsreduktion stärken und Anreize für verantwortungsvollen Umgang mit Verpackungsmaterialien schaffen [s44].

*Paletten* [i36]

**Gut zu wissen**

**Bestellprozesse**

Effiziente Bestellprozesse ermöglichen die Bündelung von Materiallieferungen und reduzieren so den Verpackungsaufwand.

**Digitale Gebäudemodelle**

Digitale Gebäudemodelle ermöglichen eine präzise Materialbedarfsermittlung, was zu weniger Verschnitt und Verpackungsmaterial führt.

**Informationskampagnen**

Informationskampagnen schärfen das Bewusstsein für die Notwendigkeit der Abfallvermeidung auf der Baustelle.

## Verpackungsreduzierung im Bau

Materialeinsparungen pro Bauphase

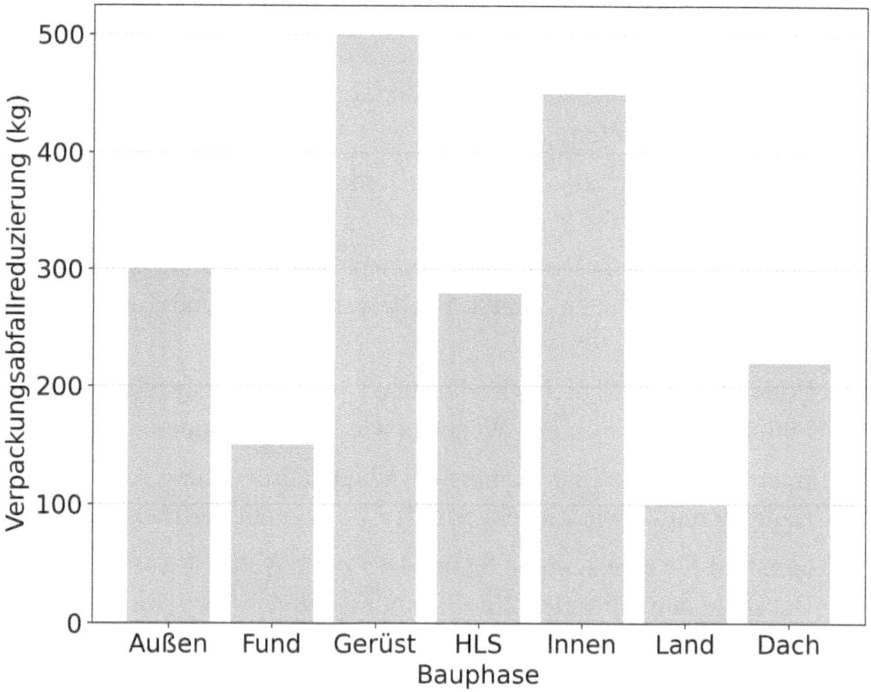


Außen: Außenausbau

Fund: Fundament

HLS: HLS Installation

Land: Landschaftsbau

Dach: Dacharbeiten

Gerüst: Gerüstbau

Innen: Innenausbau

Die Daten zeigen deutlich ein erhebliches Potenzial zur Verpackungsreduzierung in verschiedenen Bauphasen. Gerüstbau und Innenausbau zeigen besonders vielversprechende Verbesserungsmöglichkeiten. Während einige Phasen wie Fundamentarbeiten von Natur aus weniger Verpackungen verwenden, kann eine gezielte Anstrengung in allen Phasen zu einer erheblichen Gesamtreduzierung des Abfalls beitragen und nachhaltige Baupraktiken fördern.

**Konkrete Ratschläge**

- Planen Sie den Einsatz von wiederverwendbaren Schalungssystemen, um den Bedarf an neuen Materialien zu minimieren und Abfälle zu vermeiden.
- Organisieren Sie einen Materialtausch mit anderen Baustellen in Ihrer Nähe, um überschüssige Materialien weiterzuverwenden und Abfall zu reduzieren.
- Setzen Sie auf standardisierte Bauelemente, um den Verschnitt zu minimieren und die Wiederverwendung zu erleichtern.
- Entwickeln Sie ein Rücknahmekonzept für Verpackungsmaterialien mit Ihren Lieferanten, um die Wiederverwendung und das Recycling zu fördern.
- Prüfen Sie die Möglichkeit, Bauschutt vor Ort zu recyceln und als Füllmaterial oder für den Wegebau wiederzuverwenden.
- Integrieren Sie in Ihre Planung die Wiederaufbereitung von Baumaterialien wie Ziegeln oder Holz direkt auf der Baustelle.
- Schaffen Sie eine zentrale Sammelstelle für Wertstoffe auf der Baustelle, um die sortenreine Trennung und das Recycling zu erleichtern.
- Dokumentieren Sie alle Abfallströme Ihrer Baustelle genau, um Optimierungspotenziale zu identifizieren und die Abfallmenge zu reduzieren.
- Recherchieren Sie nach innovativen Recyclingverfahren für Baustoffe, die bisher als nicht recycelbar galten.
- Kooperieren Sie mit lokalen Recyclingbetrieben, um die Verwertung von Bauschutt und anderen Abfällen zu optimieren.
- Entwickeln Sie ein Bonussystem für Bauarbeiter, die sich durch besonders abfallarmes Arbeiten auszeichnen.

## 4. 3 Energieoptimierung

Energieoptimierung auf der Baustelle senkt Kosten und minimiert die Umweltbelastung. Von der Auswahl effizienter Baumaschinen und der Optimierung der Baustellenlogistik bis hin zur Reduktion des Energieverbrauchs durch intelligente Beleuchtung und Heizsysteme – jeder Aspekt beeinflusst die Energiebilanz. Auch die Wahl der Baustoffe und die Transportwege spielen eine entscheidende Rolle. Entdecken Sie, wie Sie durch gezielte Maßnahmen und innovative Technologien Ressourcen schonen und die Nachhaltigkeit Ihres Bauprojekts steigern.

> *Energieeffizienz im Bauwesen beginnt nicht erst mit dem fertigen Gebäude, sondern bereits auf der Baustelle.*

## Baustellenenergie

Baustellen verbrauchen Energie – für Maschinen, Beleuchtung, Heizung und die Herstellung von Baustoffen. Dieser Verbrauch lässt sich durch gezielte Maßnahmen reduzieren und so Kosten senken und die Umweltbelastung minimieren. Ein wichtiger Faktor ist die Wahl der Baumaschinen. Moderne Geräte arbeiten oft effizienter als ältere Modelle und verbrauchen weniger Kraftstoff oder Strom. Achten Sie beim Mieten oder Kaufen auf Angaben zum Energieverbrauch und prüfen Sie, ob emissionsärmere Alternativen wie Elektrobagger oder -kräne verfügbar sind. Auch die Baustellenlogistik beeinflusst den Energiebedarf. Kurze Transportwege für Material und Personal reduzieren den Kraftstoffverbrauch. Eine gut geplante Materiallagerung vermeidet unnötige Transporte und Suchzeiten. Die Beleuchtung der Baustelle lässt sich durch den Einsatz von LED-Technik optimieren. LED-Leuchten verbrauchen deutlich weniger Strom als herkömmliche Halogen- oder Metalldampflampen und haben eine längere Lebensdauer. Bewegungsmelder sorgen dafür, dass die Beleuchtung nur bei Bedarf aktiv ist. Zusätzlich kann die Nutzung von Tageslicht durch eine entsprechende Planung der Arbeitsabläufe und die Positionierung von Arbeitsplätzen den Stromverbrauch senken. Für die Beheizung von Containern oder temporären Arbeitsräumen eignen sich energieeffiziente Heizgeräte wie Infrarotheizungen. Diese erwärmen direkt die Personen und Gegenstände im Raum und nicht die Luft, was zu einem geringeren Energieverbrauch führt. [s45] Auch die Auswahl der Baustoffe beeinflusst die Energiebilanz einer Baustelle. Die Herstellung mancher Materialien ist energieintensiver als die anderer. Recycelte Baustoffe oder Materialien aus nachwachsenden Rohstoffen benötigen oft weniger Energie in der Produktion. Durch die Berücksichtigung dieser Faktoren lässt sich der Energieverbrauch auf Baustellen deutlich reduzieren. Eine genaue Planung und die Auswahl geeigneter Technologien und Materialien tragen nicht nur zur Kostenersparnis bei, sondern auch zum Umweltschutz. Überwachen Sie den

Energieverbrauch auf der Baustelle regelmäßig, um Optimierungspotenziale zu identifizieren und die Effektivität der Maßnahmen zu kontrollieren. Wie bei einem Neubau mit Fokus auf Energieeffizienz, zahlt sich auch auf der Baustelle eine vorausschauende Planung aus. Durch die Wahl der richtigen Maschinen und Materialien, sowie eine optimierte Logistik und Beleuchtung, können Bauherren und Unternehmen nicht nur Kosten sparen, sondern auch einen Beitrag zum Klimaschutz leisten.

## Gut zu wissen

**Emissionsarm**

Emissionsarme Baumaschinen, wie z.B. Elektrobagger, reduzieren die Umweltbelastung durch geringere Schadstoffemissionen und tragen zur Verbesserung der Luftqualität auf und um die Baustelle bei.

**Infrarotheizung**

Infrarotheizungen erwärmen gezielt Personen und Objekte und nicht die Umgebungsluft. Dies ermöglicht eine effizientere Wärmeverteilung und reduziert den Energieverbrauch im Vergleich zu konventionellen Heizsystemen, insbesondere in temporären Baueinrichtungen.

**Metalldampflampen**

Metalldampflampen, die früher häufig auf Baustellen eingesetzt wurden, verbrauchen mehr Energie als moderne LED-Alternativen und enthalten zudem oft umweltschädliche Stoffe wie Quecksilber.

## Transportwege

Transportwege spielen eine entscheidende Rolle für die Gesamtenergiebilanz eines Bauvorhabens. Bereits bei der Planung sollte die Logistik der Materialbeschaffung berücksichtigt werden. Kurze Anfahrtswege für die Zulieferer minimieren den Kraftstoffverbrauch und damit die coemissionen. Regionale Baustoffe reduzieren nicht nur die Transportkosten, sondern fördern auch die lokale Wirtschaft. Zudem verkürzen sich die Lieferzeiten, was die Bauzeit insgesamt positiv beeinflussen kann. Die Wahl des Transportmittels beeinflusst ebenfalls den Energieverbrauch. LKW mit hoher Ladekapazität verringern die Anzahl der Fahrten. Wo möglich, kann die Nutzung der Schiene oder von Wasserwegen eine ökologischere Alternative darstellen, wie im intermodalen Transport, der verschiedene Verkehrsträger kombiniert, um logistische Kosten und Emissionen zu senken [s46]. Eine gut strukturierte Baustellenlogistik, mit klar definierten Anlieferzonen und Zeitfenstern, vermeidet unnötige Wartezeiten und Leerfahrten. Digitale Tools zur Routenplanung und -optimierung bieten die Möglichkeit, den Energieverbrauch im Transportwesen weiter zu minimieren, zu vergleichen mit Algorithmen, die den Energieverbrauch auf Basis der gewählten Route analysieren [s47]. Eine regelmäßige Überprüfung und Anpassung der Transportwege während der Bauphase ermöglicht es, auf veränderte Bedingungen zu reagieren und die Effizienz kontinuierlich zu verbessern. Ein Bauunternehmen könnte seinen Fuhrpark beispielsweise sukzessive auf Elektro-LKW umstellen, um die Emissionen weiter zu reduzieren – im städtischen Kontext sind Elektrobusse bereits eine empfohlene Option [s46].

*Elektro-LKW* [i37]

*Intermodaler Transport* [i38]

## Gut zu wissen

**Elektro-LKW**

Elektro-LKW nutzen Elektromotoren für den Antrieb und verursachen keine direkten $CO_2$-Emissionen während der Fahrt. Sie tragen zur Verbesserung der Luftqualität bei und reduzieren die Lärmbelastung auf der Baustelle. Die Reichweite und Ladeinfrastruktur sind wichtige Faktoren bei der Integration von Elektro-LKW in die Baulogistik.

**Intermodaler Transport**

Der intermodale Transport kombiniert verschiedene Verkehrsträger wie LKW, Bahn und Schiff, um Güter zu transportieren. Durch die Nutzung der Stärken jedes Verkehrsträgers, z.B. die Flexibilität des LKW und die Effizienz der Bahn auf langen Strecken, können Energieverbrauch und Emissionen im Vergleich zum reinen Straßentransport reduziert werden.

## Energieverbrauch im Transport

Energieverbrauch pro km für verschiedene Transportmittel.

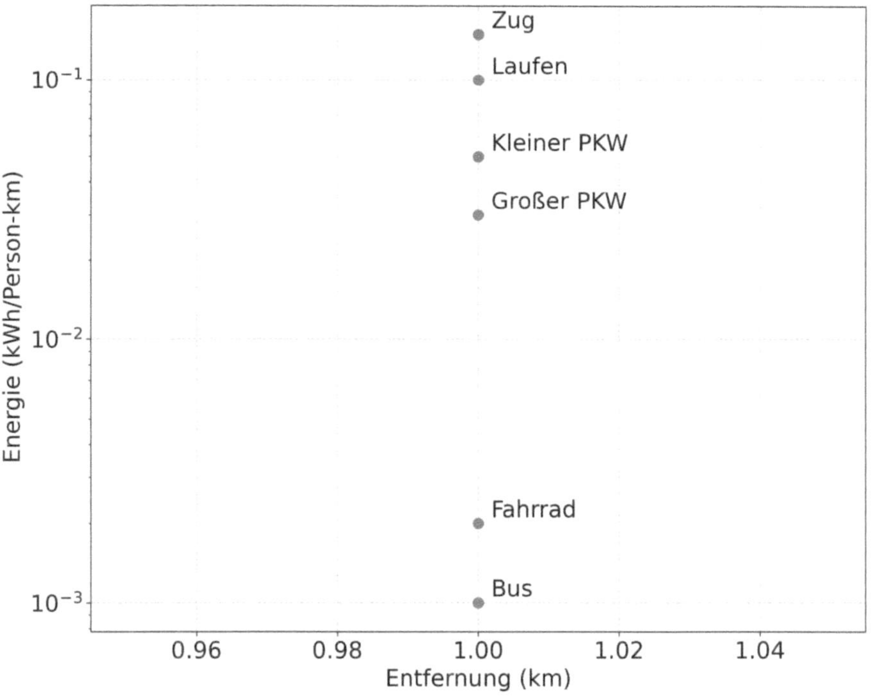


Diese Grafik zeigt deutlich die erheblichen Unterschiede in der Energieeffizienz zwischen verschiedenen Transportmethoden. Laufen und Fahrradfahren sind die nachhaltigsten Optionen, gefolgt vom öffentlichen Verkehr. Private Fahrzeuge, insbesondere größere, verbrauchen deutlich mehr Energie pro Kilometer, was die Bedeutung der Förderung nachhaltiger Verkehrsmittel in umweltfreundlichen Baupraktiken unterstreicht.

## Maschineneinsatz

Der optimale Maschineneinsatz auf Baustellen trägt maßgeblich zur Energieeffizienz bei. Neben der bereits erwähnten Auswahl moderner, sparsamer Geräte, bieten digitale Technologien weiteres Potenzial. Maschinelles Lernen kann den Energieverbrauch und die coemissionen präzise vorhersagen und so die Planung optimieren [s48]. Durch die Integration von Gebäudeinformationsmodellierung (BIM) mit maschinellem Lernen lässt sich die Energieanalyse weiter verbessern [s48]. So können beispielsweise Algorithmen den optimalen Einsatzzeitpunkt und die passende Maschinengröße für jeweilige Aufgaben ermitteln. Das vermeidet unnötige Leerlaufzeiten und Überdimensionierung. Zusätzlich ermöglicht die Multi-Objektiv-Optimierung (MOO) in Verbindung mit maschinellem Lernen, sowohl die Energieeffizienz als auch den thermischen Komfort in Gebäuden deutlich zu steigern [s48]. Die Berücksichtigung von Unsicherheiten in den Daten und Modellen erhöht dabei die Zuverlässigkeit der Ergebnisse [s48]. Eine vorausschauende Wartungsplanung, ebenfalls unterstützt durch maschinelles Lernen, minimiert Ausfallzeiten und erhöht die Lebensdauer der Maschinen. Durch die Kombination dieser digitalen Werkzeuge mit einer durchdachten Baustellenlogistik und dem Einsatz erneuerbarer Energien – z.B. durch Solaranlagen zur Stromversorgung von Baugeräten – lässt sich der ökologische Fußabdruck des Bauprojekts deutlich reduzieren [s49]. Die gewonnenen Daten können zudem als Grundlage für zukünftige Projekte dienen und so einen kontinuierlichen Verbesserungsprozess im nachhaltigen Bauen fördern.

*Erneuerbare Energien* [i39]

## Gut zu wissen

**Erneuerbare Energien**

Erneuerbare Energien, wie Solar- oder Windenergie, spielen eine wichtige Rolle im nachhaltigen Bauen. Ihr Einsatz reduziert die Abhängigkeit von fossilen Brennstoffen und minimiert die CO2-Emissionen von Baumaschinen und Gebäuden.

**Maschinelles Lernen**

Im Kontext von nachhaltigem Bauen hilft maschinelles Lernen, den Energieverbrauch von Baumaschinen zu optimieren, indem es Muster in großen Datensätzen analysiert und so Vorhersagen über den zukünftigen Energiebedarf ermöglicht. Dies erlaubt eine präzisere Planung und Auswahl der passenden Maschinen.

**Vorausschauende Wartungsplanung**

Vorausschauende Wartungsplanung nutzt Datenanalyse und maschinelles Lernen, um den Zustand von Maschinen zu überwachen und frühzeitig potenzielle Probleme zu erkennen. Dies ermöglicht eine gezielte Wartung und minimiert Ausfallzeiten sowie Energieverluste durch ineffiziente Maschinen.

## Maschinenauslastung und Energieverbrauch

Energieeffizienz nach Maschinentyp

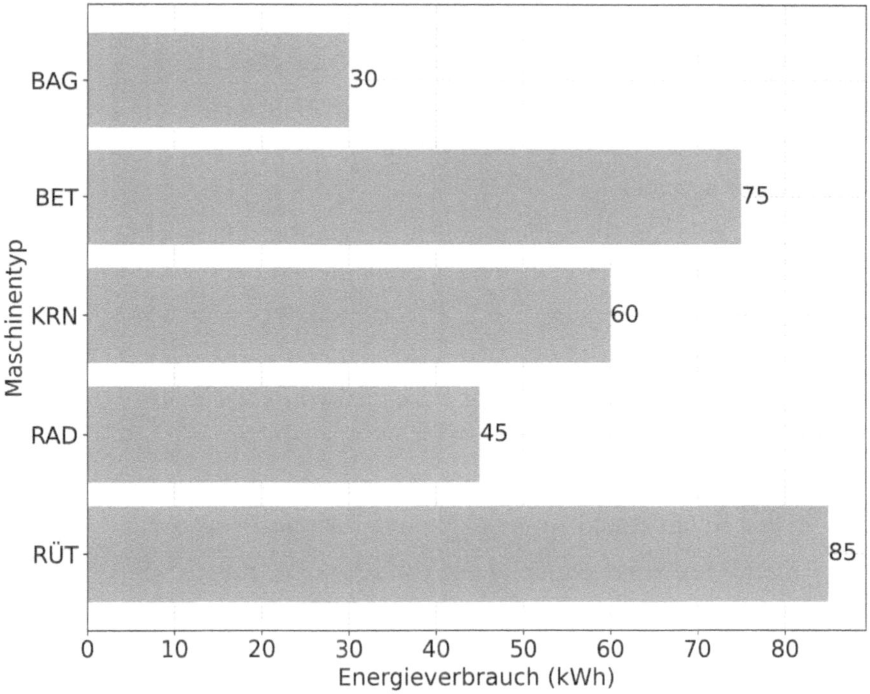


BAG: Bagger

BET: Betonmischer

KRN: Kran

RAD: Radlader

RÜT: Rüttelplatte

Das horizontale Balkendiagramm verdeutlicht den Zusammenhang zwischen Maschinenauslastung und Energieverbrauch. Geringe Auslastung bei hohem Energieverbrauch deutet auf Optimierungspotenzial hin. Maschinen mit hoher Auslastung und effizientem Energieverbrauch stellen Best-Practice Beispiele dar.

**Konkrete Ratschläge**

- Nutzen Sie die Abwärme von Kompressoren oder Generatoren, um beispielsweise Brauchwasser zu erwärmen.
- Richten Sie ein Energie-Dashboard ein, das den Verbrauch aller Maschinen und Anlagen in Echtzeit visualisiert.
- Organisieren Sie einen Wettbewerb unter den Bauarbeitern, wer die energieeffizientesten Arbeitsmethoden entwickelt.
- Prüfen Sie den Einsatz von Solar-Hybrid-Baugeräten, die sowohl mit Strom aus dem Netz als auch mit Sonnenenergie betrieben werden können.
- Entwickeln Sie ein Schichtmodell für den Baustellenbetrieb, um die Auslastung der Maschinen zu optimieren und Leerlaufzeiten zu minimieren.
- Setzen Sie auf prädiktive Wartung, um den Energieverbrauch der Maschinen durch frühzeitiges Erkennen von Verschleiß zu reduzieren.
- Nutzen Sie die Pausen der Bauarbeiter, um Maschinen und Anlagen in den Ruhezustand zu versetzen und Energie zu sparen.
- Überprüfen Sie regelmäßig den Luftdruck der Reifen von Baumaschinen und Fahrzeugen, um den Kraftstoffverbrauch zu senken.
- Ermitteln Sie den optimalen Betriebspunkt Ihrer Maschinen und schulen Sie die Bauarbeiter im effizienten Umgang damit.
- Setzen Sie auf Leichtbauweise bei temporären Bauten, um den Material- und Energiebedarf für Transport und Aufbau zu reduzieren.
- Nutzen Sie die Potenziale der Gebäudeautomation, um die Beleuchtung und Heizung von Containern und Arbeitsräumen energieeffizient zu steuern.

**Rückblick - 4. Ressourceneffizienz**

Ressourceneffizienz beim Bauen ist mehr als nur ein Trend – sie ist eine Notwendigkeit für eine nachhaltige Zukunft. Es geht darum, mit Bedacht und Weitblick zu planen und umzusetzen, um den Verbrauch von Wasser, Energie und Materialien zu minimieren. Der Weg zu einem ressourcenschonenden Bauprojekt beginnt bereits in der Entwurfsphase. Durch eine präzise Materialbedarfsermittlung, die Nutzung digitaler Gebäudemodelle und die Berücksichtigung regionaler Baustoffe können Sie Verschnitt und unnötige Transporte von Anfang an vermeiden. Denken Sie dabei an die Abfallhierarchie: Vermeidung steht an erster Stelle, gefolgt von Wiederverwendung und Recycling. Betrachten Sie Bauabfälle nicht als Müll, sondern als wertvolle Ressource, die in den Kreislauf zurückgeführt werden kann. Ein durchdachter Abfallwirtschaftsplan hilft Ihnen dabei, diese Prinzipien in die Praxis umzusetzen.

Neben der Materialeffizienz spielt der schonende Umgang mit Wasser eine zentrale Rolle. Integrieren Sie Regenwassernutzungssysteme für Gartenbewässerung und Toilettenspülung in Ihr Projekt. Auch die Aufbereitung von Grauwasser bietet Einsparpotenziale und entlastet die Kanalisation. Achten Sie bei der Installation von Armaturen und Haushaltsgeräten auf wassersparende Modelle. Selbst kleine Maßnahmen, wie der Austausch eines Duschkopfes oder die Reparatur eines tropfenden Wasserhahns, summieren sich zu einem beachtlichen Ergebnis. In wasserarmen Regionen trägt die effiziente Wassernutzung maßgeblich zur langfristigen Versorgungssicherheit bei.

Ein weiterer wichtiger Aspekt ist die Energieeffizienz auf der Baustelle. Setzen Sie auf moderne, emissionsarme Baumaschinen und optimieren Sie die Baustellenlogistik, um Transportwege zu minimieren. Nutzen Sie erneuerbare Energien, wo immer möglich, beispielsweise durch Solaranlagen zur Stromversorgung. Auch bei der Beleuchtung und Beheizung von temporären Einrichtungen gibt es erhebliche Einsparpotenziale. LED-Technik, Bewegungsmelder und energieeffiziente Heizsysteme reduzieren den Energieverbrauch und die damit verbundenen Kosten. Eine regelmäßige Kontrolle des Energieverbrauchs hilft Ihnen, Optimierungspotenziale zu identifizieren und die Effektivität der Maßnahmen zu überprüfen.

Die Umsetzung von Ressourceneffizienz im Bauwesen mag zunächst herausfordernd erscheinen. Mögliche Hürden sind beispielsweise die höheren Anschaffungskosten für energieeffiziente Technologien oder die Notwendigkeit, bestehende Prozesse anzupassen. Doch langfristig profitieren Sie von niedrigeren Betriebskosten, einer geringeren Umweltbelastung und einem verbesserten Image. Seien Sie Vorreiter und gestalten Sie die Zukunft des Bauens aktiv mit. Investieren Sie in nachhaltige Lösungen und schaffen Sie Gebäude, die nicht nur funktional und ästhetisch ansprechend sind, sondern auch die Ressourcen unserer Erde schonen. Jeder Schritt in Richtung Ressourceneffizienz ist ein Schritt in die richtige Richtung.

# 5. Bauabschluss

Wann ist ein Haus wirklich fertig? Der Bauabschluss markiert den entscheidenden Übergang vom Projekt zum fertigen Gebäude - doch dieser Schritt erfordert mehr als nur das Aufräumen der Baustelle. Von der technischen Feinabstimmung bis zur finalen Dokumentation durchläuft jedes nachhaltige Bauvorhaben eine systematische Prüfung aller Komponenten. Erst wenn alle Parameter stimmen und die Anlage optimal läuft, ist der Grundstein für jahrzehntelangen, energieeffizienten Betrieb gelegt. Die kommenden Seiten zeigen, worauf es in dieser wichtigen Phase ankommt und welche Fehler sich später bitter rächen können.

## 5. 1 Qualitätsprüfung

Die Qualitätsprüfung beim Bauabschluss sichert die Übereinstimmung des Gebäudes mit Planvorgaben und Normen. Mängel frühzeitig zu erkennen und zu beheben, vermeidet spätere Kosten und Zeitverzögerungen. Dies betrifft sowohl die geometrische Prüfung als auch die Kontrolle der Materialien und der Funktionstüchtigkeit technischer Anlagen. Eine systematische Dokumentation aller Prüfungen und Mängel ist essenziell für die Kommunikation zwischen den Beteiligten und die Mängelbeseitigung. Digitale Dokumentation optimiert die Archivierung und erleichtert die spätere Instandhaltung. Effiziente Prüfmethoden und moderne Technologien steigern die Qualität nachhaltiger Gebäude. Lesen Sie weiter, um mehr über innovative Ansätze und deren Vorteile zu erfahren.

*Eine erfolgreiche Bauabnahme im nachhaltigen Bauen erfordert die Kombination von traditionellen Prüfmethoden mit modernen Technologien wie BIM, AR und Punktwolkendatenanalyse, um die Qualität und Nachhaltigkeit von energieeffizienten Häusern sicherzustellen.*

## Bauabnahme

Die Bauabnahme sichert die Übereinstimmung des Gebäudes mit den Planvorgaben und den geltenden Normen. Dabei spielt die Prüfung der Ausführungsqualität eine entscheidende Rolle, um Mängel frühzeitig zu erkennen und zu beheben. Die konventionelle, papierbasierte Bauabnahme ist oft fehleranfällig und wenig effizient [s50]. Moderne Technologien bieten hier erhebliche Verbesserungspotenziale. Die Integration von Augmented Reality (AR) mit Building Information Modeling (bim) erlaubt die präzise Überlagerung virtueller und realer Objekte. So lassen sich Abweichungen zwischen Planung und Ausführung direkt vor Ort visualisieren und dokumentieren [s51]. Ein weiterer Ansatz zur Optimierung der Bauabnahme basiert auf der Analyse von Punktwolken-Daten. Durch die Auswahl geeigneter Algorithmen für Sampling, Filterung und Registrierung lässt sich die Effizienz der Datenverarbeitung steigern, ohne die Genauigkeit und Vollständigkeit der Ingenieurdaten zu beeinträchtigen [s52]. Ein Beispiel hierfür ist ein Bauvorhaben, bei dem durch den Scan des Rohbaus mittels Laserscanner eine Punktwolke erzeugt wird. Diese wird mit dem BIM-Modell abgeglichen, um Abweichungen in der Geometrie, wie etwa Wandstärken oder Deckenhöhen, zu identifizieren. Die präzise Analyse der Registrierungsgenauigkeit und der Vergleich der Ergebnisse sind essenziell, um die Bauqualität zu bewerten und Abweichungen im Bauprozess zu identifizieren [s52]. Neue, intelligente Technologien und Schnittstellensysteme unterstützen die Dokumentation und ermöglichen eine Echtzeit-Qualitätsbewertung, wodurch manuelle Inspektionen reduziert werden können [s50]. Die Bauabnahme umfasst neben der geometrischen Prüfung auch die Kontrolle der verwendeten Materialien, der Ausführungsdetails und der Funktionstüchtigkeit der technischen Anlagen. Hierbei sind die relevanten Normen und Vorschriften zu beachten. Eine systematische Dokumentation aller Prüfungen und festgestellten Mängel ist unerlässlich. Dies erleichtert die Kommunikation zwischen den Beteiligten und dient als Grundlage für die Mängelbeseitigung. Die frühzeitige Erkennung und Behebung von Mängeln vermeidet spätere Kosten und Zeitverzögerungen. Die digitale Dokumentation ermöglicht zudem eine effiziente Archivierung der relevanten Daten und erleichtert die spätere Instandhaltung des Gebäudes. Durch die Nutzung moderner Technologien und einer systematischen Vorgehensweise lässt sich die Bauabnahme optimieren und die Qualität des Bauwerks sichern. Die Auswahl der passenden Methode hängt von den individuellen Projektanforderungen und den verfügbaren Ressourcen ab. Eine sorgfältige Planung und Durchführung der Bauabnahme trägt maßgeblich zur erfolgreichen Realisierung eines Bauprojekts bei.

## Nachhaltige Gebäude-Akzeptanzkriterien

Verteilung der Kriterienschwerpunkte für die Akzeptanz nachhaltiger Gebäude.

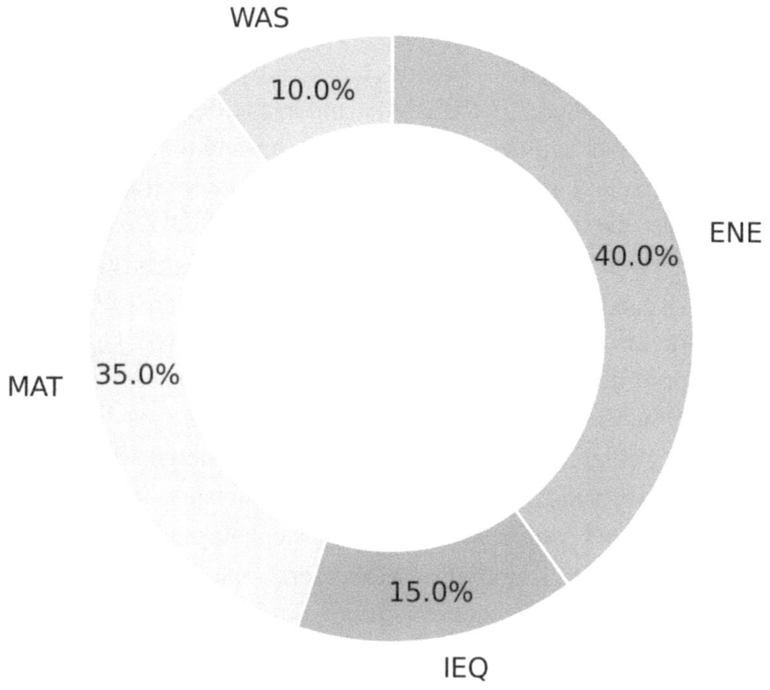


ENE: Energieeffizienz

IEQ: Raumluftqualität

MAT: Materialien und Ressourcen

WAS: Wassereffizienz

Die Visualisierung zeigt einen starken Fokus auf Energieeffizienz, was darauf hindeutet, dass dies ein Hauptschwerpunkt bei der Bewertung nachhaltiger Gebäude ist. Materialien und Ressourcen machen ebenfalls einen erheblichen Anteil aus, was auf ein Interesse an verantwortungsvoller Beschaffung und Abfallreduzierung hinweist. Während Raumluftqualität und Wassereffizienz vertreten sind, deuten ihre kleineren Anteile auf Potenzial für verstärkte Aufmerksamkeit in diesen Bereichen hin, um ganzheitliche Nachhaltigkeit zu gewährleisten.

## Nachhaltigkeitszertifizierung

Nachhaltigkeitszertifizierungen bewerten Gebäude anhand ökologischer, ökonomischer und sozialer Kriterien. Sie dienen Bauherren als Nachweis für die Nachhaltigkeit ihres Projekts und bieten eine Orientierungshilfe für umweltbewusstes Bauen. Verschiedene Zertifizierungssysteme, etwa DGNB, LEED oder BREEAM, unterscheiden sich in ihren Anforderungen und Schwerpunkten. Sie berücksichtigen unter anderem die Energieeffizienz, die Materialwahl, die Wasserwirtschaft und die Gesundheit der Gebäudenutzer. Ein Gebäude mit DGNB-Zertifikat in Platin weist etwa einen besonders geringen Primärenergiebedarf und eine hohe Recyclingfähigkeit der verwendeten Baustoffe auf. Die Zertifizierung erfolgt in der Regel durch unabhängige Gutachter, die die Einhaltung der Kriterien prüfen und das Gebäude entsprechend einstufen – von Bronze über Silber und Gold bis hin zu Platin. Neben der reinen Zertifizierung bieten viele Systeme auch Planungs- und Beratungsunterstützung, um die Nachhaltigkeitsziele bestmöglich zu erreichen. Darüber hinaus können Nachhaltigkeitszertifikate die Marktchancen einer Immobilie verbessern und zu einer höheren Mieterzufriedenheit beitragen [s53]. Studien zeigen, dass die Luftqualität und das Temperaturmanagement in zertifizierten Gebäuden messbar besser sind, was zu weniger gesundheitlichen Beschwerden der Bewohner führt [s53]. Auch wenn Studien mit Einschränkungen behaftet sein können, wie etwa einer geringen Stichprobengröße, so deuten die Ergebnisse doch auf einen positiven Zusammenhang zwischen Zertifizierung und Nutzerkomfort hin [s53]. Die Wahl eines geeigneten Zertifizierungssystems hängt von den individuellen Projektbedingungen und den angestrebten Nachhaltigkeitszielen ab.

## Gut zu wissen

**Gutachter**

Im Kontext der Nachhaltigkeitszertifizierung sind Gutachter unabhängige Experten, die die Einhaltung der Kriterien des jeweiligen Zertifizierungssystems überprüfen. Sie begutachten die Planung und Ausführung des Gebäudes und dokumentieren ihre Ergebnisse in einem Gutachten. Dieses Gutachten dient als Grundlage für die Vergabe des Zertifikats.

**Primärenergiebedarf**

Der Primärenergiebedarf gibt die gesamte Energiemenge an, die für die Bereitstellung von Energie in einem Gebäude benötigt wird. Er berücksichtigt nicht nur den Energieverbrauch im Gebäude selbst, sondern auch die Energie, die für die Gewinnung, Umwandlung und den Transport der Energieträger aufgewendet wird. Ein niedriger Primärenergiebedarf ist ein wichtiger Indikator für die Energieeffizienz eines Gebäudes.

**Recyclingfähigkeit**

Die Recyclingfähigkeit von Baustoffen beschreibt, inwieweit diese nach dem Rückbau eines Gebäudes wiederverwertet werden können. Eine hohe Recyclingfähigkeit trägt zur Ressourcenschonung und zur Reduzierung von Bauabfällen bei. Bei der Qualitätsprüfung wird die Recyclingfähigkeit der verwendeten Materialien dokumentiert und bewertet.

## Nachhaltigkeitsbewertung

Bewertung der Kriterien

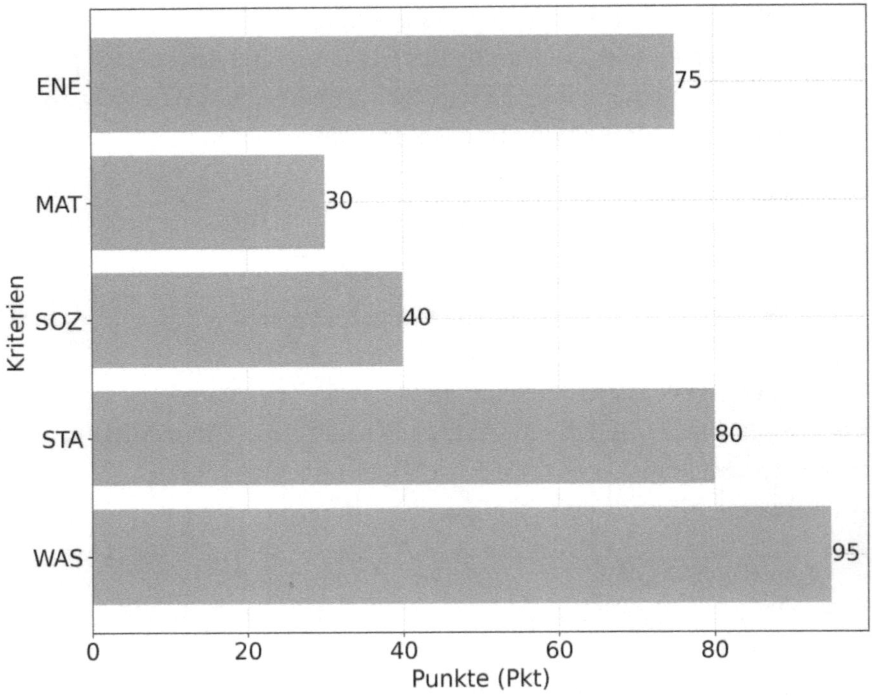


ENE: Energieeffizienz

MAT: Materialwahl

SOZ: Sozialverträglichkeit

STA: Standortfaktoren

WAS: Wassermanagement

Die Energieeffizienz weist die höchste Punktzahl auf, gefolgt von den Bereichen Materialwahl und Wassermanagement. Sozialverträglichkeit und Standortfaktoren zeigen Verbesserungspotenzial und sollten priorisiert werden, um eine ganzheitliche Nachhaltigkeit zu gewährleisten.

**Konkrete Ratschläge**

- Beziehen Sie bei der finalen Qualitätsprüfung am Bauabschluss einen unabhängigen Sachverständigen aus einem artverwandten Gebiet ein, um neue Perspektiven zu gewinnen.
- Erstellen Sie eine virtuelle 360°-Begehung des fertiggestellten Bauwerks, die alle relevanten Details für die Qualitätsprüfung dokumentiert und jederzeit abrufbar macht.
- Nutzen Sie eine Drohne mit Wärmebildkamera, um die Dämmung des Gebäudes auf Schwachstellen zu überprüfen und Wärmebrücken zu identifizieren.
- Führen Sie einen Belastungstest der Haustechnik durch, indem Sie alle Systeme gleichzeitig unter Volllast betreiben, um die Funktionstüchtigkeit unter Extrembedingungen sicherzustellen.
- Simulieren Sie einen Stromausfall, um die Notstromversorgung und die Sicherheitsbeleuchtung auf ihre Funktion zu prüfen.
- Überprüfen Sie die Akustik des Gebäudes durch Schallmessungen in verschiedenen Räumen, um die Einhaltung der geforderten Schallschutzwerte zu gewährleisten.
- Bewerten Sie die Barrierefreiheit des Gebäudes aus der Perspektive von Menschen mit unterschiedlichen Behinderungen, um potenzielle Barrieren zu identifizieren und zu beseitigen.
- Lassen Sie die Nutzerfreundlichkeit des Gebäudes durch eine repräsentative Gruppe von zukünftigen Bewohnern testen und sammeln Sie Feedback zur Optimierung.
- Führen Sie eine Begehung des Gebäudes bei Nacht durch, um die Ausleuchtung von Wegen und Fluchtwegen zu kontrollieren und die Sicherheit zu gewährleisten.

## 5. 2 Einregulierung

Die Einregulierung der Heizungsanlage ist entscheidend für ein energieeffizientes und komfortables Haus. Eine korrekte hydraulische Einregulierung verteilt die Wärme gleichmäßig in allen Räumen und vermeidet Energieverschwendung durch Über- oder Unterversorgung. Fehlerhafte Einstellungen führen dagegen zu Komforteinbußen und unnötig hohen Heizkosten. Ungleichmäßige Raumtemperaturen, Geräusche im Heizsystem oder ein hoher Energieverbrauch deuten auf Probleme bei der Einregulierung hin. Die Komplexität traditioneller Methoden birgt die Gefahr suboptimaler Ergebnisse. Lernen Sie in diesem Kapitel, wie eine fachgerechte Einregulierung die Energieeffizienz Ihres Hauses steigert und ein optimales Raumklima schafft.

> *Eine korrekt ausgeführte hydraulische Einregulierung der Heizung ist essentiell für einen effizienten und komfortablen Betrieb und vermeidet unnötigen Energieverbrauch durch Über- oder Unterversorgung einzelner Räume.*

## Heizungsoptimierung

Heizungsoptimierung umfasst Maßnahmen zur Steigerung der Effizienz und damit zur Senkung des Energieverbrauchs. Ein korrekt geplantes und umgesetztes Heizsystem vermeidet unnötige Wärmeverluste und sorgt für eine gleichmäßige Wärmeverteilung im Gebäude. [s54] Die Basis hierfür bildet die hydraulische Einregulierung, die den Volumenstrom in jedem Heizkreis des Systems präzise anpasst. So wird sichergestellt, dass jeder Raum die benötigte Wärmemenge erhält, ohne dass einzelne Bereiche über- oder unterversorgt werden. Eine gleichmäßige Wärmeverteilung erhöht den Komfort und minimiert gleichzeitig den Energiebedarf.

Ein häufiger Fehler bei der Planung und Umsetzung von Heizungsanlagen ist eine unzureichende oder fehlerhafte Einregulierung. Dies führt zu hydraulischen Ungleichgewichten, die sich in Form von ungleichmäßig warmen Räumen, Geräuschen im System oder erhöhtem Energieverbrauch äußern. Man stelle sich ein Gebäude mit mehreren Heizkörpern vor: Ohne korrekte Einregulierung erhalten Räume, die näher am Heizkessel liegen, tendenziell mehr Wärme, während entferntere Räume unterversorgt bleiben. Die Bewohner drehen dann in den kälteren Räumen die Thermostatventile weiter auf, was den gesamten Volumenstrom und damit den Energieverbrauch erhöht, ohne das Problem der ungleichmäßigen Wärmeverteilung zu lösen. Traditionelle Methoden zur hydraulischen Einregulierung sind oft iterativ und zeitaufwendig. Das bedeutet, dass Installateure wiederholt Messungen durchführen und Einstellungen vornehmen müssen, bis das System optimal eingestellt ist. [s54] Dieser Prozess kann komplex und fehleranfällig sein, was in der Praxis oft zu suboptimalen Ergebnissen führt. Innovative Verfahren wie die progressive Flussmethode bieten hier eine effizientere Alternative. Diese Methode reduziert die Anzahl der benötigten Messungen und Einstellungen deutlich, was Zeit und Kosten spart und gleichzeitig die Genauigkeit der Einregulierung verbessert. [s54] Durch die präzise Abstimmung des Volumenstroms in jedem Heizkreis lässt sich der

Energieverbrauch des gesamten Systems signifikant reduzieren. Neben der hydraulischen Einregulierung tragen weitere Optimierungsmaßnahmen zur Effizienzsteigerung bei. Dazu gehören die Dämmung von Rohrleitungen, die Installation von Thermostatventilen an jedem Heizkörper und die regelmäßige Wartung der Heizungsanlage. Die Dämmung von Rohrleitungen minimiert Wärmeverluste auf dem Weg vom Heizkessel zu den Heizkörpern. Thermostatventile ermöglichen eine individuelle Raumtemperaturregelung und verhindern so eine Überheizung einzelner Räume. Eine regelmäßige Wartung, inklusive der Überprüfung und Reinigung des Heizkessels, sorgt für einen optimalen Betrieb und eine lange Lebensdauer der Anlage. Durch die Kombination dieser Maßnahmen lässt sich der Energieverbrauch und damit die Heizkosten nachhaltig senken. So wird nicht nur ein Beitrag zum Umweltschutz geleistet, sondern auch der Wohnkomfort gesteigert.

*Thermostatventil* [i40]

## Gut zu wissen

**Heizkreis**

Ein Heizkreis ist ein geschlossener Wasserkreislauf, der vom Heizkessel ausgeht, durch die Heizkörper im Haus fließt und zurück zum Kessel führt. Jeder Heizkörper kann Teil eines separaten Heizkreises sein oder mehrere Heizkörper können zu einem Heizkreis gehören.

**Hydraulische Einregulierung**

Die hydraulische Einregulierung stellt sicher, dass die richtige Menge an Warmwasser zu jedem Heizkörper im Haus gelangt, um eine gleichmäßige Temperatur in allen Räumen zu gewährleisten und Energieverschwendung zu vermeiden.

**Progressive Flussmethode**

Die progressive Flussmethode ist eine moderne Technik zur hydraulischen Einregulierung, die die Anzahl der erforderlichen Messungen und Anpassungen reduziert und so Zeit und Kosten spart.

**Thermostatventil**

Ein Thermostatventil reguliert den Wasserdurchfluss durch einen Heizkörper und ermöglicht so die individuelle Steuerung der Raumtemperatur.

**Volumenstrom**

Der Volumenstrom beschreibt die Menge an Wasser, die pro Zeiteinheit durch die Rohre eines Heizsystems fließt. Ein korrekt eingestellter Volumenstrom ist entscheidend für eine effiziente Wärmeverteilung.

## Heizungsoptimierungskurve

Optimale Heizungsvorlauftemperatur basierend auf der Außentemperatur.

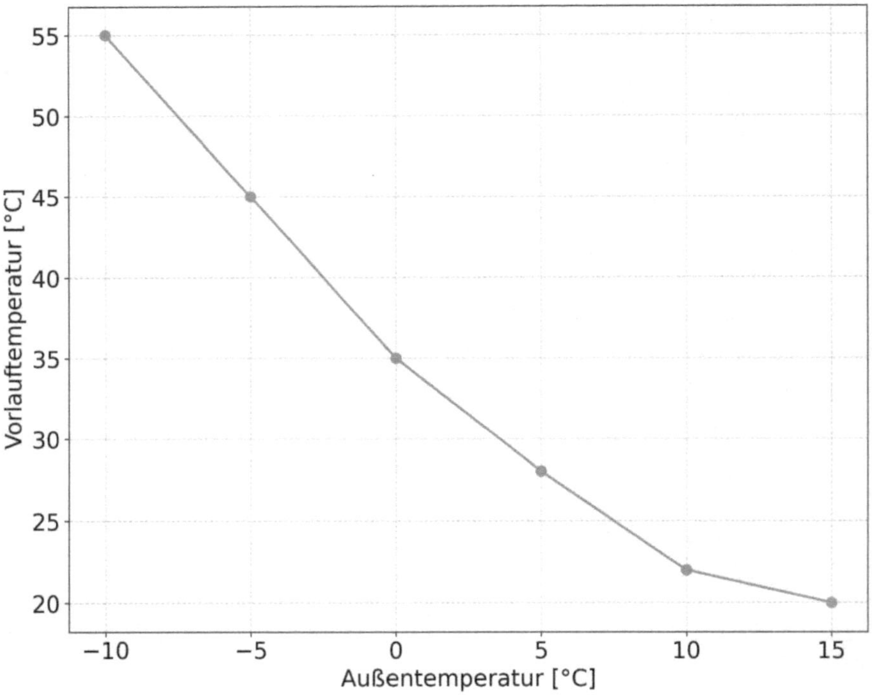


Diese Grafik zeigt, wie die Absenkung der Heizungsvorlauftemperatur die Effizienz verbessert, besonders bei milderen Außentemperaturen. Die steilere Steigung zeigt ein reaktiveres System, das die Vorlauftemperatur präzise an den Wärmebedarf anpasst. Diese adaptive Steuerung minimiert Energieverschwendung und maximiert den Komfort.

## Lüftungseinstellung

Nach der Heizungsoptimierung ist die Feinjustierung der Lüftungsanlage ein weiterer wichtiger Schritt, um den Energieverbrauch zu minimieren und ein angenehmes Raumklima zu schaffen. Dabei geht es nicht nur um die reine Frischluftzufuhr, sondern auch um die Steuerung der Luftströme und die Vermeidung unnötiger Wärmeverluste. Eine gut eingestellte Lüftungsanlage sorgt für einen kontinuierlichen Luftaustausch, entfernt Feuchtigkeit und Schadstoffe und trägt so zu einem gesunden Raumklima bei. [s55] Gleichzeitig minimiert sie den Energiebedarf für Heizung und Kühlung, indem sie die Wärmeverluste durch unkontrollierte Lüftung reduziert. Die optimale Lüftungseinstellung hängt von verschiedenen Faktoren ab, wie der Raumgröße, der Anzahl der Bewohner und der Art der Nutzung. In Wohnräumen empfiehlt sich eine moderate Lüftungsstufe, die für einen ausreichenden Luftaustausch sorgt, ohne zu viel Wärme zu verlieren. In Räumen mit erhöhter Feuchtigkeitsentwicklung, z.B. in Badezimmern oder Küchen, sollte die Lüftungsintensität entsprechend höher eingestellt werden, um Schimmelbildung vorzubeugen. [s55] Eine bedarfsgerechte Steuerung der Lüftungsanlage, etwa durch die Integration von Feuchtigkeitssensoren, kann den Energieverbrauch weiter optimieren. Neben der reinen Lüftungsrate ist auch die Luftstromführung entscheidend für ein angenehmes und hygienisches Raumklima. Die Luft sollte so gelenkt werden, dass Zugerscheinungen vermieden werden und sich keine "Totzonen" bilden, in denen die Luft nicht zirkuliert. [s55] In bestimmten Umgebungen, wie z.B. Operationssälen, ist die gezielte Steuerung des Luftstroms besonders wichtig, um die Verbreitung von Partikeln und potenziellen Krankheitserregern zu minimieren. [s56] Hier kommen spezielle Lüftungssysteme zum Einsatz, die eine präzise Kontrolle der Luftströmung ermöglichen. Ein Beispiel hierfür sind Hochfrequenz-Jet-Ventilationssysteme, die eine besonders stabile und sichere Belüftung gewährleisten und das Risiko unerwünschter Effekte wie Hyperkapnie reduzieren. [s57]

Zusammenfassend lässt sich sagen, dass die korrekte Lüftungseinstellung einen erheblichen Einfluss auf Energieeffizienz, Raumklima und Gesundheit hat. Durch die Berücksichtigung der individuellen Gegebenheiten und die Anwendung geeigneter Technologien lässt sich ein optimales Ergebnis erzielen.

## Gut zu wissen

**Feuchtigkeitssensoren**

Feuchtigkeitssensoren messen die relative Luftfeuchtigkeit in einem Raum und steuern die Lüftungsanlage bedarfsgerecht. Dadurch wird die Lüftung nur dann aktiviert, wenn die Feuchtigkeit einen bestimmten Grenzwert überschreitet, was Energie spart und Schimmelbildung verhindert.

**Hochfrequenz-Jet-Ventilationssysteme**

Hochfrequenz-Jet-Ventilationssysteme sind spezielle Lüftungssysteme, die in Umgebungen mit hohen Anforderungen an die Luftqualität eingesetzt werden, z.B. in Operationssälen. Sie ermöglichen eine präzise Steuerung der Luftströmung und minimieren das Risiko der Verbreitung von Krankheitserregern.

**Lüftungsanlage**

Eine Lüftungsanlage sorgt für einen kontrollierten Luftaustausch in Gebäuden und trägt so zu einem gesunden und komfortablen Raumklima bei. Im Kontext des nachhaltigen Bauens sind Lüftungsanlagen wichtig, um die Energieeffizienz zu steigern und den Bedarf an Heiz- und Kühlenergie zu minimieren.

**Zugerscheinungen**

Zugerscheinungen entstehen durch ungleichmäßige Luftströmungen und können zu Unbehagen und gesundheitlichen Problemen führen. Bei der Einregulierung der Lüftungsanlage ist es wichtig, die Luftströme so zu lenken, dass Zugerscheinungen vermieden werden.

## Raumbelüftungsraten

Optimierter Luftdurchsatz für nachhaltiges Bauen

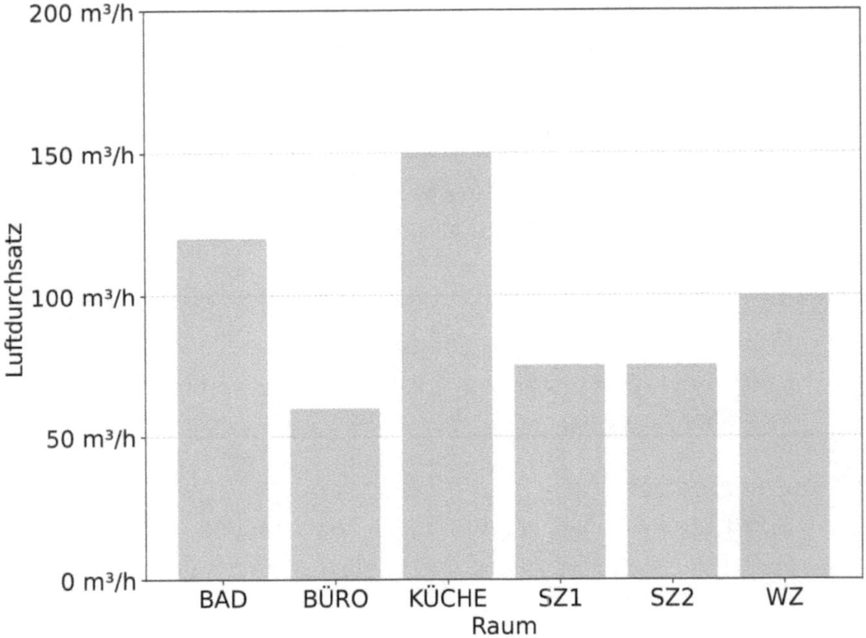


BAD: Badezimmer

BÜRO: Büro

KÜCHE: Küche

SZ1: Schlafzimmer 1

SZ2: Schlafzimmer 2

WZ: Wohnzimmer

Die Daten zeigen deutliche Unterschiede in den Lüftungsraten der verschiedenen Räume. Küche und Bad weisen den höchsten Luftdurchsatz auf, vermutlich aufgrund der Notwendigkeit einer effizienten Feuchtigkeits- und Geruchsbeseitigung. Schlafzimmer halten eine moderate Belüftung für eine angenehme Belegung aufrecht, während das Wohnzimmer einen leicht erhöhten Luftdurchsatz aufweist, um Zusammenkünfte zu ermöglichen. Diese optimierten Lüftungsraten tragen zu einer gesunden Raumluft bei und minimieren gleichzeitig die Energieverschwendung.

## Verbrauchserfassung

Die Verbrauchserfassung liefert die Grundlage für eine gezielte energetische Optimierung von Gebäuden. Sie ermöglicht die Identifizierung von Einsparpotenzialen und die Überprüfung der Wirksamkeit umgesetzter Maßnahmen. Dabei umfasst die Erfassung nicht nur den Energieverbrauch für Heizung und Lüftung, sondern unter anderem auch den Stromverbrauch für Beleuchtung und Haushaltsgeräte sowie den Wasserverbrauch. Die Datengewinnung erfolgt über verschiedene Messgeräte, wie z. B. Zähler für Strom, Gas und Wasser oder spezielle Sensoren zur Erfassung von Temperatur, Luftfeuchtigkeit und $CO_2$-Konzentration. Eine detaillierte Verbrauchserfassung, beispielsweise durch separate Zähler für einzelne Bereiche oder Gerätegruppen, bietet differenzierte Einblicke in das Verbrauchsverhalten und erlaubt so, gezielte Optimierungsmaßnahmen zu ergreifen. Die erhobenen Daten lassen sich in übersichtlichen Diagrammen und Tabellen visualisieren, um die Entwicklung des Verbrauchs über die Zeit zu verfolgen und Auffälligkeiten schnell zu erkennen. Anhand der gewonnenen Informationen können Sie beispielsweise den Einfluss von Verhaltensänderungen auf den Energieverbrauch analysieren und so weitere Optimierungspotenziale identifizieren. Die erfassten Verbrauchsdaten bilden die Basis für ein umfassendes Energiemonitoring. Dieses beinhaltet die kontinuierliche Überwachung und Auswertung des Energieverbrauchs, um Abweichungen vom Sollzustand frühzeitig zu erkennen und Gegenmaßnahmen einzuleiten. Ein Beispiel: Durch die Analyse des Stromverbrauchs einer Lüftungsanlage kann ein erhöhter Energiebedarf, verursacht durch verschmutzte Filter, identifiziert und durch rechtzeitigen Filterwechsel behoben werden. Das Energiemonitoring ermöglicht auch die Bewertung der Wirtschaftlichkeit von Investitionen in energieeffiziente Technologien. Durch den Vergleich des Verbrauchs vor und nach der Implementierung einer neuen Technologie lässt sich die tatsächliche Energieeinsparung ermitteln und die Amortisationszeit der Investition berechnen. Für die praktische Umsetzung der

Verbrauchserfassung stehen verschiedene Systeme zur Verfügung, von einfachen manuellen Aufzeichnungen bis hin zu komplexen, automatisierten Systemen mit Smart-Metering-Technologie. Manuelle Erfassung, zum Beispiel durch regelmäßiges Ablesen der Zählerstände, ist zwar kostengünstig, aber auch zeitaufwendig und fehleranfällig. Automatisierte Systeme erfassen die Verbrauchsdaten in Echtzeit und übertragen sie digital an eine zentrale Auswertungseinheit. Dies reduziert den Aufwand für die Datenerfassung erheblich und ermöglicht eine detailliertere Analyse des Verbrauchsverhaltens. Die Wahl des geeigneten Systems hängt von den individuellen Anforderungen und dem Budget ab. Bei der Planung sollten Sie unter anderem die Größe des Gebäudes, die Anzahl der zu erfassenden Messpunkte und den gewünschten Detaillierungsgrad der Daten berücksichtigen. Durch die Integration der Verbrauchserfassung in ein Gebäudemanagementsystem lassen sich zudem weitere Funktionen, wie z. B. die automatische Steuerung von Heizung und Lüftung, realisieren. So können Sie nicht nur den Energieverbrauch reduzieren, sondern auch den Komfort und die Sicherheit im Gebäude erhöhen. Ein gut geplantes und umgesetztes Energiemonitoring-System trägt somit wesentlich zur nachhaltigen und wirtschaftlichen Bewirtschaftung von Gebäuden bei.

*Messgerät* [i41]

## Gut zu wissen

**Gebäudemanagementsystem**

Ein Gebäudemanagementsystem (auch GMS genannt) kann die Verbrauchsdaten nutzen, um die Steuerung von Gebäudetechnik zu automatisieren und den Energieverbrauch zu optimieren.

**Smart Metering**

Smart Metering ermöglicht die automatisierte und digitale Erfassung von Verbrauchsdaten, was eine detaillierte Analyse und Optimierung des Energieverbrauchs im Gebäude ermöglicht.

## Verbrauchsaufteilung - Gebäuderichtlinie

Verteilung des Verbrauchs nach Optimierung.

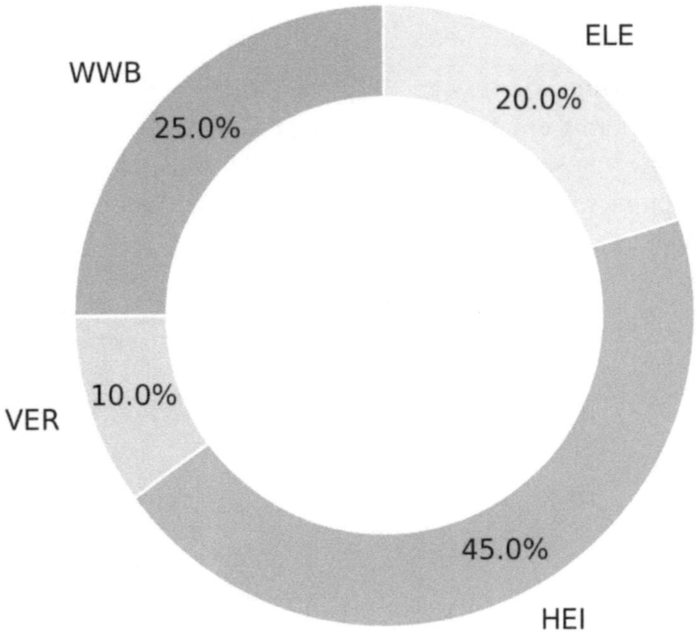


ELE: Elektrizität

VER: Verluste

HEI: Heizung

WWB: Warmwasser

Der größte Anteil des Verbrauchs entfällt auf die Heizung, was die Bedeutung effizienter Heizsysteme unterstreicht. Während Warmwasser und Elektrizität erheblich beitragen, kann die Optimierung dieser Bereiche zu weiteren Reduzierungen des Gesamtverbrauchs führen. Vergleichsweise stellen Verluste einen kleineren, aber dennoch zu berücksichtigenden Verbesserungsbereich dar.

**Konkrete Ratschläge**

- Dokumentieren Sie die Einregulierung der Heizung mit Fotos und Videos der Ventilstellungen, um spätere Anpassungen zu erleichtern.
- Erstellen Sie ein übersichtliches Schema des Heizungssystems mit Kennzeichnung aller Heizkreise und ihrer jeweiligen Einregulierungswerte.
- Verwenden Sie farbige Markierungen an den Ventilen und Rohren, um die Zuordnung der Heizkreise zu vereinfachen.
- Überprüfen Sie die Einregulierung der Heizung nach dem ersten Winter und korrigieren Sie gegebenenfalls die Einstellungen, um optimale Ergebnisse zu erzielen.
- Führen Sie eine Wärmebildaufnahme der Heizkörper durch, um die gleichmäßige Wärmeverteilung zu visualisieren und potenzielle Probleme zu erkennen.
- Protokollieren Sie die Raumtemperaturen in allen Räumen nach der Einregulierung, um die Wirksamkeit der Maßnahmen zu überprüfen.
- Erstellen Sie ein individuelles Benutzerhandbuch für die Heizungsanlage, das die Bedienung und die wichtigsten Einstellungen erklärt.
- Bieten Sie den Bewohnern eine Schulung zur optimalen Nutzung der Heizungsanlage an, um Energie zu sparen und den Komfort zu maximieren.
- Übergeben Sie dem Bauherren alle relevanten Dokumente zur Einregulierung der Heizung, inklusive Messprotokolle und Schemata.
- Empfehlen Sie dem Bauherren eine regelmäßige Überprüfung und Wartung der Heizungsanlage durch einen Fachmann, um die optimale Funktion langfristig sicherzustellen.

**Rückblick - 5. Bauabschluss**

Der Bauabschluss ist mehr als nur die finale Prüfung vor der Schlüsselübergabe. Er ist die entscheidende Phase, in der sich die Weichen für den langfristigen Erfolg Ihres nachhaltigen Bauprojekts stellen. Eine sorgfältige und systematische Vorgehensweise ist hier unerlässlich, um die angestrebten Nachhaltigkeitsziele zu erreichen und die Qualität des Gebäudes langfristig zu sichern. Dabei gilt es, die traditionellen Methoden der Bauabnahme mit modernen Technologien zu verknüpfen und so Synergieeffekte zu nutzen.

Denken Sie an die Integration von digitalen Werkzeugen wie Building Information Modeling (BIM) und Augmented Reality (AR). Durch den Abgleich von Soll- und Ist-Zustand lassen sich Abweichungen frühzeitig erkennen und dokumentieren. Punktwolken-Daten, gewonnen durch 3D-Scans, bieten eine weitere Möglichkeit zur präzisen Analyse der Bauausführung. So können Sie beispielsweise die Geometrie des Rohbaus überprüfen und Abweichungen in Wandstärken oder Deckenhöhen identifizieren. Die digitale Dokumentation erleichtert nicht nur die Kommunikation zwischen den Beteiligten, sondern dient auch als wertvolle Grundlage für die spätere Instandhaltung des Gebäudes.

Neben der geometrischen Prüfung sollten Sie auch die Funktionstüchtigkeit der technischen Anlagen im Blick behalten. Die Heizungsoptimierung durch hydraulische Einregulierung und die Feinjustierung der Lüftungsanlage sind zentrale Aspekte für ein energieeffizientes und komfortables Gebäude. Achten Sie auf eine gleichmäßige Wärmeverteilung und vermeiden Sie unnötige Wärmeverluste. Moderne Verfahren wie die progressive Flussmethode bieten effiziente Lösungen für die hydraulische Einregulierung. Eine bedarfsgerechte Steuerung der Lüftungsanlage, beispielsweise durch Feuchtigkeitssensoren, optimiert den Energieverbrauch zusätzlich. Die Erfassung und Analyse des tatsächlichen Verbrauchs durch Smart Metering und ein umfassendes Energiemonitoring sind unerlässlich, um die Wirksamkeit der umgesetzten Maßnahmen zu überprüfen und weitere Optimierungspotenziale zu identifizieren.

Berücksichtigen Sie bei der Planung und Durchführung des Bauabschlusses die individuellen Projektanforderungen und die verfügbaren Ressourcen. Die Auswahl der passenden Methoden und Technologien hängt von der Komplexität des Bauvorhabens und dem angestrebten Nachhaltigkeitsstandard ab. Scheuen Sie sich nicht, Expertenrat einzuholen, um die optimale Lösung für Ihr Projekt zu finden. Die Integration der verschiedenen Aspekte des Bauabschlusses in ein zentrales Gebäudemanagementsystem ermöglicht eine effiziente Steuerung und Überwachung aller relevanten Parameter.

Der Bauabschluss ist ein komplexer Prozess, der eine sorgfältige Planung und Durchführung erfordert. Doch die Mühe lohnt sich: Ein erfolgreich abgeschlossenes Bauprojekt ist die Grundlage für ein nachhaltiges, komfortables und wirtschaftliches Gebäude. Investieren Sie daher die notwendige Zeit und Sorgfalt in diese wichtige Phase und schaffen Sie so die Basis für ein zukunftsfähiges Bauwerk, das den Anforderungen an ökologische, ökonomische und soziale Nachhaltigkeit gerecht wird.

**Kostenlose Zusatzangebote in Planung**

Wir freuen uns, Ihnen künftig ergänzende kostenlose Materialien zu diesem Buch anbieten zu können:

- Ein exklusives Bonuskapitel mit zusätzlichen Inhalten
- Eine kompakte Zusammenfassung des gesamten Buches im PDF-Format
- Eine Hörspiel Version (In Planung)

Die Veröffentlichung dieser Materialien ist für 2025 geplant.
Besuchen Sie gerne schon heute unsere Website. Sobald unser Newsletter-Service startet (voraussichtlich 2025), können Sie sich dort für Updates registrieren und verpassen keine Neuigkeiten zu den kostenlosen Zusatzangeboten.

www.SaageBooks.com/de/nachhaltiges_bauen-bonus-NOZS81

**Liebe Leserinnen, liebe Leser,**

Wir fühlen uns sehr geehrt, dass Sie sich die Zeit genommen haben, unser Buch von Anfang bis Ende zu lesen. Unser größter Wunsch ist es, Ihnen wertvolle Erkenntnisse und praktische Hilfestellungen mit auf den Weg zu geben. Ihr Vertrauen in unsere Arbeit bedeutet uns sehr viel. Wir hoffen, die Lektüre war für Sie bereichernd. Sollten Sie Fragen oder Anregungen haben, können Sie uns gerne über unsere Website kontaktieren.

Wenn Ihnen dieses Buch gefallen hat, würden wir uns sehr über eine ehrliche Rezension freuen. Sie können Ihre ehrliche Bewertung ganz einfach auf der Verkaufsplattform hinterlassen, über die Sie das Buch erworben haben.
Vielen Dank für Ihre Unterstützung!

**Bendis Saage**

Saage Media GmbH - Team

# Quellen

**Unser aufrichtiger Dank gilt allen Autoren der zitierten wissenschaftlichen und nicht-wissenschaftlichen Quellen, den Betreibern der referenzierten Internetseiten sowie den Urhebern der verwendeten Bilder, Grafiken und Studien, deren wertvolle Arbeiten zur Entstehung dieses Buches beigetragen haben.**

Für weitere Informationen empfehlen wir Ihnen, die Quellen-Websites zu besuchen.

Sollten Sie Fehler bei der Zuordnung oder andere Unstimmigkeiten entdecken, kontaktieren Sie uns bitte.

Alle Quellen wurden zuletzt aufgerufen am: 2025-02-04

**[s1]** - https://www.mdpi.com/2071-1050/11/6/1819

| | | | |
|---|---|---|---|
| **Autor:** | Karsten Rusche, Mario Reimer, Rico Stichmann | **Titel:** | Mapping and Assessing Green Infrastructure Connectivity in European City Regions |
| **DOI:** | 10.3390/su11061819 | **Datum:** | 2019-03-26 |
| **Webseite:** | MDPI | **Publisher:** | Multidisciplinary Digital Publishing Institute |

**[s2]** - https://www.mdpi.com/2071-1050/13/4/1932

| | | | |
|---|---|---|---|
| **Autor:** | Reza Kiani Mavi, Denise Gengatharen, Neda Kiani Mavi, Richard Hughes, Alistair Campbell, Ross Yates | **Titel:** | Sustainability in Construction Projects: A Systematic Literature Review |
| **DOI:** | 10.3390/su13041932 | **Datum:** | 2021-02-11 |
| **Webseite:** | MDPI | **Publisher:** | Multidisciplinary Digital Publishing Institute |

**[s3]** - https://www.mdpi.com/2071-1050/14/11/6701

| | | | |
|---|---|---|---|
| **Autor:** | Sonja Kolarić, Mladen Vukomanović, Antonio Ramljak | **Titel:** | Analyzing the Level of Detail of Construction Schedule for Enabling Site Logistics Planning (SLP) in the Building Information Modeling (BIM) Environment |
| **DOI:** | 10.3390/su14116701 | **Datum:** | 2022-05-30 |
| **Webseite:** | mdpi.com | **Publisher:** | Multidisciplinary Digital Publishing Institute |

**[s4]** - https://pmc.ncbi.nlm.nih.gov/articles/PMC11222554/
**Autor:** Dong Zhou, Bida Pei, Xueqin Li, Ding Jiang, Lin Wen
**Titel:** Innovative BIM technology application in the construction management of highway
**von:** Changsha University of Science and Technology, Changsha BIM Cloud Information Technology Co., Ltd, Hunan Expressway Group Co., Ltd, JiangXi Ganyue Expressway Engineering Co., Ltd
**DOI:** 10.1038/s41598-024-66232-5
**Datum:** 2024 Jul 3
**Webseite:** PubMed Central (PMC)
**Publisher:** Scientific Reports

---

**[s5]** - https://pmc.ncbi.nlm.nih.gov/articles/PMC11393528/
**Autor:** Rakesh Kumar, Rajesh singh, Richa Goel, Tilottama Singh, Neeraj Priyadarshi, Bhekisipho Twala
**Titel:** Incentivizing green building technology: A financial perspective on sustainable development in India
**DOI:** 10.12688/f1000research.154056.2
**Datum:** 2024 Sep 16
**Webseite:** PMC
**Publisher:** F1000Research

---

**[s6]** - https://pmc.ncbi.nlm.nih.gov/articles/PMC8003767/
**Autor:** Giulia Tola; Valentina Talu; Tanja Congiu; Paul Bain; Jutta Lindert
**Titel:** Built Environment Design and People with Autism Spectrum Disorder ( ASD): A Scoping Review
**DOI:** 10.3390/ijerph18063203
**Datum:** 2021 Mar 19
**Webseite:** PubMed Central (PMC)
**Publisher:** International Journal of Environmental Research and Public Health

---

**[s7]** - https://pmc.ncbi.nlm.nih.gov/articles/PMC8127744/
**Autor:** Lillian Hung, Allison Hudson, Mario Gregorio, Lynn Jackson, Jim Mann, Neil Horne, Annette Berndt, Christine Wallsworth, Lily Wong, Alison Phinney
**Titel:** Creating Dementia-Friendly Communities for Social Inclusion: A Scoping Review
**von:** University of British Columbia, Vancouver Coastal Health
**DOI:** 10.1177/23337214211013596
**Datum:** 2021 May 12
**Webseite:** PMC
**Publisher:** Gerontology and Geriatric Medicine

---

**[s8]** - https://pmc.ncbi.nlm.nih.gov/articles/PMC11274549/
**Autor:** Mariam AlAli, Salwa Beheiry, Serter Atabay
**Titel:** Strategies for the Design and Construction of Nature-Inspired & Living Laboratory (NILL 1.0)TM Buildings
**von:** American University of Sharjah
**DOI:** 10.3390/biomimetics9070441
**Datum:** 2024 Jul 18
**Webseite:** PMC

---

**[s9]** - https://www.mdpi.com/2075-5309/13/8/2077
**Autor:** Walaa S. E. Ismaeel
**Titel:** The Dynamics of Sustainable Material Selection for Green-Certified Projects
**von:** Multidisciplinary Digital Publishing Institute
**DOI:** 10.3390/buildings13082077
**Datum:** 2023-08-16
**Webseite:** mdpi.com
**Publisher:** Multidisciplinary Digital Publishing Institute

---

**[s10]** - https://www.mdpi.com/2075-5309/14/9/2728
**Autor:** Mehmet Nurettin Ugural, Merve Ruya Ozyilmaz, Halil Ibrahim Burgan
**Titel:** Life Cycle Assessment Analysis Based on Material Selection in Sustainable Airport Buildings
**DOI:** 10.3390/buildings14092728
**Datum:** 2024-08-31
**Webseite:** mdpi.com
**Publisher:** Multidisciplinary Digital Publishing Institute

**[s11]** - https://www.mdpi.com/2075-5309/13/8/2077
**Autor:** Walaa S. E. Ismaeel
**Titel:** The Dynamics of Sustainable Material Selection for Green-Certified Projects
**von:** Multidisciplinary Digital Publishing Institute
**DOI:** 10.3390/buildings13082077
**Datum:** 2023-08-16
**Webseite:** MDPI
**Publisher:** Multidisciplinary Digital Publishing Institute

**[s12]** - https://www.mdpi.com/2075-5309/14/9/2728
**Autor:** Mehmet Nurettin Ugural, Merve Ruya Ozyilmaz, Halil Ibrahim Burgan
**Titel:** Life Cycle Assessment Analysis Based on Material Selection in Sustainable Airport Buildings
**DOI:** 10.3390/buildings14092728
**Datum:** 2024-08-31
**Webseite:** mdpi.com
**Publisher:** Multidisciplinary Digital Publishing Institute

**[s13]** - https://www.mdpi.com/2075-5309/2/1/1
**Autor:** Ibuchim Ogunkah, Junli Yang
**Titel:** Investigating Factors Affecting Material Selection: The Impacts on Green Vernacular Building Materials in the Design-Decision Making Process
**DOI:** 10.3390/buildings2010001
**Datum:** 2012-01-23
**Webseite:** MDPI
**Publisher:** Molecular Diversity Preservation International

**[s14]** - https://www.mdpi.com/2075-5309/2/2/126
**Autor:** Peter O. Akadiri, Ezekiel A. Chinyio, Paul O. Olomolaiye
**Titel:** Design of A Sustainable Building: A Conceptual Framework for Implementing Sustainability in the Building Sector
**DOI:** 10.3390/buildings2020126
**Datum:** 2012-05-04
**Webseite:** mdpi.com
**Publisher:** Molecular Diversity Preservation International

**[s15]** - https://www.mdpi.com/2412-3811/6/4/49
**Autor:** Kamel Mohamed Rahla, Ricardo Mateus, Luís Bragança
**Titel:** Selection Criteria for Building Materials and Components in Line with the Circular Economy Principles in the Built Environment—A Review of Current Trends
**von:** Multidisciplinary Digital Publishing Institute
**DOI:** 10.3390/infrastructures6040049
**Datum:** 2021-03-24
**Webseite:** MDPI
**Publisher:** Multidisciplinary Digital Publishing Institute

**[s16]** - https://www.mdpi.com/1996-1073/17/23/5817
**Autor:** Anna Barwińska-Małajowicz, Marian Banaś, Teresa Piecuch, Radosław Pyrek, Krzysztof Szczotka, Jakub Szymiczek
**Titel:** Energy and Ecological Concept of a Zero-Emission Building Using Renewable Energy Sources—Case Study in Poland
**von:** Multidisciplinary Digital Publishing Institute
**DOI:** 10.3390/en17235817
**Datum:** 2024-11-21
**Webseite:** mdpi.com
**Publisher:** Multidisciplinary Digital Publishing Institute

---

**[s17]** - https://www.mdpi.com/2076-3417/11/4/1490
**Autor:** Christina V. Podara, Ioannis A. Kartsonakis, Costas A. Charitidis
**Titel:** Towards Phase Change Materials for Thermal Energy Storage: Classification, Improvements and Applications in the Building Sector
**DOI:** 10.3390/app11041490
**Datum:** 2021-02-06
**Webseite:** MDPI
**Publisher:** Multidisciplinary Digital Publishing Institute

---

**[s18]** - https://www.mdpi.com/1996-1073/16/12/4806
**Autor:** Sandra Cunha, Antonella Sarcinella, José Aguiar, Mariaenrica Frigione
**Titel:** Perspective on the Development of Energy Storage Technology Using Phase Change Materials in the Construction Industry: A Review
**DOI:** 10.3390/en16124806
**Datum:** 2023-06-19
**Webseite:** mdpi.com
**Publisher:** Multidisciplinary Digital Publishing Institute

---

**[s19]** - https://www.mdpi.com/2071-1050/11/21/6118
**Autor:** Cindy Guerlain, Samuel Renault, Francesco Ferrero
**Titel:** Understanding Construction Logistics in Urban Areas and Lowering Its Environmental Impact: A Focus on Construction Consolidation Centres
**DOI:** 10.3390/su11216118
**Datum:** 2019-11-03
**Webseite:** mdpi.com
**Publisher:** Multidisciplinary Digital Publishing Institute

---

**[s20]** - https://www.mdpi.com/2071-1050/14/11/6701
**Autor:** Sonja Kolarić, Mladen Vukomanović, Antonio Ramljak
**Titel:** Analyzing the Level of Detail of Construction Schedule for Enabling Site Logistics Planning (SLP) in the Building Information Modeling (BIM) Environment
**DOI:** 10.3390/su14116701
**Datum:** 2022-05-30
**Webseite:** MDPI
**Publisher:** Multidisciplinary Digital Publishing Institute

---

**[s21]** - https://www.mdpi.com/2071-1050/11/9/2664
**Autor:** Stefano Armenia, Rosa Maria Dangelico, Fabio Nonino, Alessandro Pompei
**Titel:** Sustainable Project Management: A Conceptualization-Oriented Review and a Framework Proposal for Future Studies
**DOI:** 10.3390/su11092664
**Datum:** 2019-05-10
**Webseite:** MDPI
**Publisher:** Multidisciplinary Digital Publishing Institute

---

**[s22]** - https://pmc.ncbi.nlm.nih.gov/articles/PMC9154213/

| | | | |
|---|---|---|---|
| **Autor:** | Saeid Sadeghi Darvazeh, Farzaneh Mansoori Mooseloo, Samira Aeini, Hadi Rezaei Vandchali, Erfan Babaee Tirkolaee | **Titel:** | An integrated methodology for green human resource management in construction industry |
| **DOI:** | 10.1007/s11356-022-20967-8 | **Datum:** | 2022 May 31 |
| **Webseite:** | PubMed Central (PMC) | **Publisher:** | Environmental Science and Pollution Research International |

**[s23]** - https://pmc.ncbi.nlm.nih.gov/articles/PMC9282632/

| | | | |
|---|---|---|---|
| **Autor:** | Rashid Maqbool, Emily Jowett | **Titel:** | Conserving a sustainable urban environment through energy security and project management practices |
| **DOI:** | 10.1007/s11356-022-21721-w | **Datum:** | 2022 Jul 14 |
| **Webseite:** | PMC | **Publisher:** | Environmental Science and Pollution Research International |

**[s24]** - https://pmc.ncbi.nlm.nih.gov/articles/PMC10149108/

| | | | |
|---|---|---|---|
| **Autor:** | Mahdi Anbari Moghadam, Morteza Bagherpour, Seyed Farid Ghannadpour | **Titel:** | Sustainability assessment in construction projects: a sustainable earned value management model under uncertain and unreliable conditions |
| **von:** | Department of Industrial Engineering, Iran University of Science and Technology | **DOI:** | 10.1007/s10669-023-09913-2 |
| **Datum:** | 2023 Apr 30 | **Webseite:** | PMC |
| **Publisher:** | Springer | | |

**[s25]** - https://pmc.ncbi.nlm.nih.gov/articles/PMC11429656/

| | | | |
|---|---|---|---|
| **Autor:** | Worawoot Aiduang, Praween Jinanukul, Wandee Thamjaree, Tanongkiat Kiatsiriroat, Tanut Waroonkun, Saisamorn Lumyong | **Titel:** | A Comprehensive Review on Studying and Developing Guidelines to Standardize the Inspection of Properties and Production Methods for Mycelium-Bound Composites in Bio-Based Building Material Applications |
| **DOI:** | 10.3390/biomimetics9090549 | **Datum:** | 2024 Sep 11 |
| **Webseite:** | PMC | | |

**[s26]** - https://www.mdpi.com/2075-5309/14/3/844

| | | | |
|---|---|---|---|
| **Autor:** | Frank Ato Ghansah, David John Edwards | **Titel:** | Digital Technologies for Quality Assurance in the Construction Industry: Current Trend and Future Research Directions towards Industry 4.0 |
| **von:** | Multidisciplinary Digital Publishing Institute | **DOI:** | 10.3390/buildings14030844 |
| **Datum:** | 2024-03-21 | **Webseite:** | mdpi.com |
| **Publisher:** | Multidisciplinary Digital Publishing Institute | | |

**[s27]** - https://www.mdpi.com/2075-5309/14/3/844

| | | | |
|---|---|---|---|
| **Autor:** | Frank Ato Ghansah, David John Edwards | **Titel:** | Digital Technologies for Quality Assurance in the Construction Industry: Current Trend and Future Research Directions towards Industry 4.0 |
| **DOI:** | 10.3390/buildings14030844 | **Datum:** | 2024-03-21 |
| **Webseite:** | mdpi.com | **Publisher:** | Multidisciplinary Digital Publishing Institute |

**[s28]** - https://www.mdpi.com/2071-1050/12/19/7847

| | | | |
|---|---|---|---|
| **Autor:** | Li Zhang, Laura Balangé, Kathrin Braun, Roberta Di Bari, Rafael Horn, Deniz Hos, Cordula Kropp, Philip Leistner, Volker Schwieger | **Titel:** | Quality as Driver for Sustainable Construction—Holistic Quality Model and Assessment |
| **von:** | University of Stuttgart | **DOI:** | 10.3390/su12197847 |
| **Datum:** | 2020-09-23 | **Webseite:** | MDPI |
| **Publisher:** | Multidisciplinary Digital Publishing Institute | | |

**[s29]** - https://www.mdpi.com/2071-1050/13/23/13069

| | | | |
|---|---|---|---|
| **Autor:** | Madduma Kaluge Chamitha Sanjani Wijewickrama, Nicholas Chileshe, Raufdeen Rameezdeen, Jose Jorge Ochoa | **Titel:** | Minimizing Macro-Level Uncertainties for Quality Assurance in Reverse Logistics Supply Chains of Demolition Waste |
| **DOI:** | 10.3390/su132313069 | **Datum:** | 2021-11-25 |
| **Webseite:** | mdpi.com | **Publisher:** | Multidisciplinary Digital Publishing Institute |

**[s30]** - https://www.mdpi.com/1424-8220/22/13/4936

| | | | |
|---|---|---|---|
| **Autor:** | Ya Hui Teo, Jun Hong Yap, Hui An, Simon Ching Man Yu, Limao Zhang, Jie Chang, Kang Hao Cheong | **Titel:** | Enhancing the MEP Coordination Process with BIM Technology and Management Strategies |
| **von:** | Multidisciplinary Digital Publishing Institute | **DOI:** | 10.3390/s22134936 |
| **Datum:** | 2022-06-30 | **Webseite:** | mdpi.com |
| **Publisher:** | Multidisciplinary Digital Publishing Institute | | |

**[s31]** - https://www.mdpi.com/2075-5309/13/8/2101

| | | | |
|---|---|---|---|
| **Autor:** | Alcínia Zita Sampaio, Gonçalo Azevedo, Augusto Gomes | **Titel:** | BIM Manager Role in the Integration and Coordination of Construction Projects |
| **DOI:** | 10.3390/buildings13082101 | **Datum:** | 2023-08-19 |
| **Webseite:** | mdpi.com | **Publisher:** | Multidisciplinary Digital Publishing Institute |

**[s32]** - https://www.mdpi.com/2079-9292/8/7/724

| | | | |
|---|---|---|---|
| **Autor:** | Zhen Liu, Lijun Jiang, Mohamed Osmani, Peter Demian | **Titel:** | Building Information Management ( BIM) and Blockchain (BC) for Sustainable Building Design Information Management Framework |
| **DOI:** | 10.3390/electronics8070724 | **Datum:** | 2019-06-26 |
| **Webseite:** | mdpi.com | **Publisher:** | Multidisciplinary Digital Publishing Institute |

**[s33]** - https://pmc.ncbi.nlm.nih.gov/articles/PMC7471539/
**Autor:** John C Matulis, Rozalina McCoy
**Titel:** Patient-Centered Appointment Scheduling: a Call for Autonomy, Continuity, and Creativity
**von:** Mayo Clinic
**DOI:** 10.1007/s11606-020-06058-9
**Datum:** 2020 Sep 3
**Webseite:** PubMed Central (PMC)
**Publisher:** Journal of General Internal Medicine

---

**[s34]** - https://www.mdpi.com/2227-9717/8/2/245
**Autor:** Yan Xu, Zhao Luo, Zhendong Zhu, Zhiyuan Zhang, Jinghui Qin, Hao Wang, Zeyong Gao, Zhichao Yang
**Titel:** A Three-Stage Coordinated Optimization Scheduling Strategy for a CCHP Microgrid Energy Management System
**DOI:** 10.3390/pr8020245
**Datum:** 2020-02-21
**Webseite:** MDPI
**Publisher:** Multidisciplinary Digital Publishing Institute

---

**[s35]** - https://pmc.ncbi.nlm.nih.gov/articles/PMC9796348/
**Autor:** Melanie van Driel, Frank Biermann, Rakhyun E Kim, Marjanneke J Vijge
**Titel:** International organisations as ' custodians' of the sustainable development goals? Fragmentation and coordination in sustainability governance
**von:** Copernicus Institute of Sustainable Development, Utrecht University
**DOI:** 10.1111/1758-5899.13114
**Datum:** 2022 Jul 13
**Webseite:** PMC
**Publisher:** Global Policy

---

**[s36]** - https://pmc.ncbi.nlm.nih.gov/articles/PMC3948194/
**Autor:** Sadia Rahman, M T R Khan, Shatirah Akib, Nazli Bin Che Din, S K Biswas, S M Shirazi
**Titel:** Sustainability of Rainwater Harvesting System in terms of Water Quality
**DOI:** 10.1155/2014/721357
**Datum:** 2014 Feb 18
**Webseite:** PubMed Central (PMC)
**Publisher:** The Scientific World Journal

---

**[s37]** - https://pmc.ncbi.nlm.nih.gov/articles/PMC9287512/
**Autor:** Nesar Ahmed, John Hornbuckle, Giovanni M Turchini
**Titel:** Blue–green water utilization in rice–fish cultivation towards sustainable food production
**von:** Deakin University
**DOI:** 10.1007/s13280-022-01711-5
**Datum:** 2022 Mar 4
**Webseite:** PMC
**Publisher:** National Center for Biotechnology Information

---

**[s38]** - https://www.mdpi.com/2071-1050/15/23/16208
**Autor:** Chandra Mouli R. Madhuranthakam, Malak AbuZaid, Omar Chaalal, Tala Ghannam
**Titel:** Sustainable Water Management with Design and Economic Evaluation of Recycling Greywater at Abu Dhabi University—A Case Study on Decentralization
**DOI:** 10.3390/su152316208
**Datum:** 2023-11-22
**Webseite:** MDPI
**Publisher:** Multidisciplinary Digital Publishing Institute

---

**[s39]** - https://www.mdpi.com/2071-1050/14/2/656

| | | | |
|---|---|---|---|
| **Autor:** | Musa Mohammed, Nasir Shafiq, Al-Baraa Abdulrahman Al-Mekhlafi, Ehab Farouk Rashed, Mohamed Hassan Khalil, Noor Amila Zawawi, Abubakar Muhammad, Aminu Mubarak Sadis | **Titel:** | The Mediating Role of Policy-Related Factors in the Relationship between Practice of Waste Generation and Sustainable Construction Waste Minimisation: PLS-SEM |
| **DOI:** | 10.3390/su14020656 | **Datum:** | 2022-01-07 |
| **Webseite:** | mdpi.com | **Publisher:** | Multidisciplinary Digital Publishing Institute |

**[s40]** - https://pmc.ncbi.nlm.nih.gov/articles/PMC8745857/

| | | | |
|---|---|---|---|
| **Autor:** | Callun Keith Purchase, Dhafer Manna Al Zulayq, Bio Talakatoa O'Brien, Matthew Joseph Kowalewski, Aydin Berenjian, Amir Hossein Tarighaleslami, Mostafa Seifan | **Titel:** | Circular Economy of Construction and Demolition Waste: A Literature Review on Lessons, Challenges, and Benefits |
| **von:** | The University of Waikato | **DOI:** | 10.3390/ma15010076 |
| **Datum:** | 2021 Dec 23 | **Webseite:** | PMC |
| **Publisher:** | Materials | | |

**[s41]** - https://www.mdpi.com/2075-5309/14/4/948

| | | | |
|---|---|---|---|
| **Autor:** | Nurullah Bektaş, Maysam Shmlls | **Titel:** | Earthquake-Induced Waste Repurposing: A Sustainable Solution for Post-Earthquake Debris Management in Urban Construction |
| **DOI:** | 10.3390/buildings14040948 | **Datum:** | 2024-03-29 |
| **Webseite:** | mdpi.com | **Publisher:** | Multidisciplinary Digital Publishing Institute |

**[s42]** - https://pmc.ncbi.nlm.nih.gov/articles/PMC8745857/

| | | | |
|---|---|---|---|
| **Autor:** | Callun Keith Purchase, Dhafer Manna Al Zulayq, Bio Talakatoa O'Brien, Matthew Joseph Kowalewski, Aydin Berenjian, Amir Hossein Tarighaleslami, Mostafa Seifan | **Titel:** | Circular Economy of Construction and Demolition Waste: A Literature Review on Lessons, Challenges, and Benefits |
| **von:** | The University of Waikato | **DOI:** | 10.3390/ma15010076 |
| **Datum:** | 2021 Dec 23 | **Webseite:** | PMC |
| **Publisher:** | Materials | | |

**[s43]** - https://pmc.ncbi.nlm.nih.gov/articles/PMC9622352/

| | | | |
|---|---|---|---|
| **Autor:** | Hari Bhakta Sharma, Kumar Raja Vanapalli, Biswajit Samal, VR Sankar Cheela, Brajesh K Dubey, Jayanta Bhattacharya | **Titel:** | Circular economy approach in solid waste management system to achieve UN-SDGs: Solutions for post-COVID recovery |
| **von:** | Indian Institute of Technology Kharagpur | **DOI:** | 10.1016/j.scitotenv.2021.149605 |
| **Datum:** | 2021 Aug 12 | **Webseite:** | PMC |
| **Publisher:** | The Science of the Total Environment | | |

**[s44]** - https://www.mdpi.com/2071-1050/13/8/4209

| | | | |
|---|---|---|---|
| **Autor:** | Gudrun Obersteiner, Marta Cociancig, Sandra Luck, Johannes Mayerhofer | **Titel:** | Impact of Optimized Packaging on Food Waste Prevention Potential among Consumers |
| **von:** | Multidisciplinary Digital Publishing Institute | **DOI:** | 10.3390/su13084209 |
| **Datum:** | 2021-04-09 | **Webseite:** | mdpi.com |
| **Publisher:** | Multidisciplinary Digital Publishing Institute | | |

**[s45]** - https://www.mdpi.com/1996-1073/16/9/3681

| | | | |
|---|---|---|---|
| **Autor:** | Hirou Karimi, Mohammad Anvar Adibhesami, Hassan Bazazzadeh, Sahar Movafagh | **Titel:** | Green Buildings: Human-Centered and Energy Efficiency Optimization Strategies |
| **DOI:** | 10.3390/en16093681 | **Datum:** | 2023-04-25 |
| **Webseite:** | mdpi.com | **Publisher:** | Multidisciplinary Digital Publishing Institute |

**[s46]** - https://pmc.ncbi.nlm.nih.gov/articles/PMC11140696/

| | | | |
|---|---|---|---|
| **Autor:** | Yuejuan Weng, Jingzhu Zhang, Chunling Yang, Muhammad Ramzan | **Titel:** | Intermodal travel planning and decision support integrated with transportation and energy systems |
| **von:** | Vocational and Technical College, Changchun Sci-Tech University; School of Automotive Engineering, Jilin Communications Polytechnic; School of Intelligent Manufacturing of, Changchun Sci-Tech University; Department of Management and Science, Bahauddin Zakariya University | **DOI:** | 10.1016/j.heliyon.2024.e31577 |
| **Datum:** | 2024 May 21 | **Webseite:** | PMC |
| **Publisher:** | Heliyon | | |

**[s47]** - https://www.mdpi.com/2071-1050/16/12/4963

| | | | |
|---|---|---|---|
| **Autor:** | Dimitris Georgiadis, Konstantina Karathanasopoulou, Cleopatra Bardaki, Ilias Panagiotopoulos, Ioannis Vondikakis, Thalis Paktitis, George Dimitrakopoulos | **Titel:** | Performance Analysis of Energy-Efficient Path Planning for Sustainable Transportation |
| **von:** | Multidisciplinary Digital Publishing Institute | **DOI:** | 10.3390/su16124963 |
| **Datum:** | 2024-06-11 | **Webseite:** | mdpi.com |
| **Publisher:** | Multidisciplinary Digital Publishing Institute | | |

**[s48]** - https://www.mdpi.com/1996-1073/17/13/3295

| | | | |
|---|---|---|---|
| **Autor:** | Abdul Mateen Khan, Muhammad Abubakar Tariq, Sardar Kashif Ur Rehman, Talha Saeed, Fahad K. Alqahtani, Mohamed Sherif | **Titel:** | BIM Integration with XAI Using LIME and MOO for Automated Green Building Energy Performance Analysis |
| **DOI:** | 10.3390/en17133295 | **Datum:** | 2024-07-04 |
| **Webseite:** | mdpi.com | **Publisher:** | Multidisciplinary Digital Publishing Institute |

**[s49]** - https://www.mdpi.com/1996-1073/16/9/3681

| | | | |
|---|---|---|---|
| **Autor:** | Hirou Karimi, Mohammad Anvar Adibhesami, Hassan Bazazzadeh, Sahar Movafagh | **Titel:** | Green Buildings: Human-Centered and Energy Efficiency Optimization Strategies |
| **von:** | Multidisciplinary Digital Publishing Institute | **DOI:** | 10.3390/en16093681 |
| **Datum:** | 2023-04-25 | **Webseite:** | mdpi.com |
| **Publisher:** | Multidisciplinary Digital Publishing Institute | | |

**[s50]** - https://www.mdpi.com/2071-1050/15/1/815

| | | | |
|---|---|---|---|
| **Autor:** | Hyeon-Ju Shin, Hee-Sung Cha | **Titel:** | Proposing a Quality Inspection Process Model Using Advanced Technologies for the Transition to Smart Building Construction |
| **DOI:** | 10.3390/su15010815 | **Datum:** | 2023-01-02 |
| **Webseite:** | mdpi.com | **Publisher:** | Multidisciplinary Digital Publishing Institute |

**[s51]** - https://www.mdpi.com/2075-5309/14/3/612

| | | | |
|---|---|---|---|
| **Autor:** | Nai-Hsin Pan, Nurani Nanda Isnaeni | **Titel:** | Integration of Augmented Reality and Building Information Modeling for Enhanced Construction Inspection—A Case Study |
| **DOI:** | 10.3390/buildings14030612 | **Datum:** | 2024-02-26 |
| **Webseite:** | mdpi.com | **Publisher:** | Multidisciplinary Digital Publishing Institute |

**[s52]** - https://www.mdpi.com/1424-8220/24/21/6806

| | | | |
|---|---|---|---|
| **Autor:** | Zhansheng Liu, Zehong Liu, Zhe Sun | **Titel:** | Massive Point Cloud Processing for Efficient Construction Quality Inspection and Control |
| **DOI:** | 10.3390/s24216806 | **Datum:** | 2024-10-23 |
| **Webseite:** | mdpi.com | **Publisher:** | Multidisciplinary Digital Publishing Institute |

**[s53]** - https://pubmed.ncbi.nlm.nih.gov/30368903/

| | | | |
|---|---|---|---|
| **Autor:** | Lee JY;Wargocki P;Chan YH;Chen L;Tham KW | **Titel:** | Indoor environmental quality, occupant satisfaction, and acute building-related health symptoms in Green Mark-certified compared with non-certified office buildings |
| **DOI:** | 10.1111/ina.12515 | **Datum:** | 2019 Jan |
| **Webseite:** | PubMed | **Publisher:** | Indoor Air |

**[s54]** - https://www.mdpi.com/2076-3417/14/14/6232

| | | | |
|---|---|---|---|
| **Autor:** | Federico Pedranzini, Luigi P. M. Colombo, Francesco Romano | **Titel:** | Development and Application of a Novel Non-Iterative Balancing Method for Hydronic Systems |
| **DOI:** | 10.3390/app14146232 | **Datum:** | 2024-07-17 |
| **Webseite:** | mdpi.com | **Publisher:** | Multidisciplinary Digital Publishing Institute |

[s55] - https://pmc.ncbi.nlm.nih.gov/articles/PMC6072925/

| | | | |
|---|---|---|---|
| **Autor:** | Hua Qian, Xiaohong Zheng | **Titel:** | Ventilation control for airborne transmission of human exhaled bio-aerosols in buildings |
| **von:** | School of Energy and Environment, Southeast University, Nanjing 210096, China | **DOI:** | 10.21037/jtd.2018.01.24 |
| **Datum:** | 2018 Jul | **Webseite:** | PMC |
| **Publisher:** | Journal of Thoracic Disease | | |

[s56] - https://www.ncbi.nlm.nih.gov/pmc/articles/PMC4880077/

| | | | |
|---|---|---|---|
| **Autor:** | Rami Sommerstein, Christian Rüegg, Philipp Kohler, Guido Bloemberg, Stefan P Kuster, Hugo Sax | **Titel:** | Transmission of Mycobacterium chimaera from Heater–Cooler Units during Cardiac Surgery despite an Ultraclean Air Ventilation System |
| **von:** | University Hospital of Bern, University Hospital of Zurich, University of Zurich | **DOI:** | 10.3201/eid2206.160045 |
| **Datum:** | 2016 Jun | **Webseite:** | PMC |
| **Publisher:** | Emerging Infectious Diseases | | |

[s57] - https://pmc.ncbi.nlm.nih.gov/articles/PMC9132004/

| | | | |
|---|---|---|---|
| **Autor:** | Marta Filauro, Francesco Mora, Alberto Vallin, Palmiro Della Casa, Carlotta Arceri, Angelo Gratarola, Giorgio Peretti | **Titel:** | Evone® Flow controlled ventilation: a new device for laryngotracheal surgery |
| **DOI:** | 10.14639/0392-100X-N1834 | **Datum:** | 2022 May 16 |
| **Webseite:** | PubMed Central (PMC) | **Publisher:** | Acta Otorhinolaryngologica Italica |

# Bild-Quellen

Die nicht aufgelisteten Bilder stammen entweder aus eigener Erstellung oder wurden mit entsprechender Lizenz erworben. Für diese Bilder sind alle Rechte vorbehalten.

Für alle anderen, hier aufgelisteten Bilder gilt:
Keines der Bilder wurde verändert, lediglich die Auflösung wurde angepasst. In der eBook-Version wurden die Bilder zu nummerierten Collagen zusammengestellt. Alle Bilder unterliegen weiterhin ihrer ursprünglichen Lizenz und werden gemäß ihrer jeweiligen Lizenzbestimmungen verwendet. Sollten Sie Fehler bei der Zuordnung oder andere Unstimmigkeiten entdecken, kontaktieren Sie uns bitte.

Datum der finalen Bildprüfung: 2025-02-04.

### Verwendete Lizenz

| | |
|---|---|
| CC0 | http://creativecommons.org/publicdomain/zero/1.0/deed.en |

### Bildnachweise

**[i1]** - 001_001_002_image_gruendach.jpeg
https://upload.wikimedia.org/wikipedia/commons/d/d1/Green_roof_%2848820773896%29.jpg

| | | | |
|---|---|---|---|
| **Date:** | 2019-09-26 | **von:** | Любитель свежего воздуха |
| **Künstler:** | umbc sustainability | **License:** | CC0 |

**[i2]** - 001_001_002_image_dachueberstand.jpeg
https://upload.wikimedia.org/wikipedia/commons/2/21/Temporary_shoring_is_installed_to_support_the_porch_roof_overhang_while_a_new_porch_deck_and_posts_are_installed._%2841efc130-aafa-4988-b6a0-8570268fe59c%29.jpg

| | | | |
|---|---|---|---|
| **Date:** | Taken | **von:** | BMacZeroBot |
| **Künstler:** | NPS photo | **License:** | Public domain |

**[i3]** - 001_001_003_image_abwasser.jpeg
https://upload.wikimedia.org/wikipedia/commons/d/de/Streicher_Begu.jpg

| | | | |
|---|---|---|---|
| **Date:** | 2012 | **von:** | Xocolatl |
| **License:** | CC0 | | |

**[i4]** - 001_002_002_image_nachhaltige_materialien.jpeg
https://upload.wikimedia.org/wikipedia/commons/8/8b/NCGP_Construction_Grant_-_Golisano_Institute_for_Sustainability_Research_Building_%285940498093%29.jpg

| | | | |
|---|---|---|---|
| **Date:** | 2010-09-21 | **von:** | Vanished Account Byeznhpyxeuztibuo |
| **Künstler:** | National Institute of Standards and Technology | **License:** | Public domain |

**[i5]** - 002_001_001_image_erker.jpeg
https://upload.wikimedia.org/wikipedia/commons/7/75/Bay_window_-_Beacon_Hill_-_Boston%2C_MA_-_DSC02137.jpg

| | | | |
|---|---|---|---|
| **Date:** | 2019-12-07 | **von:** | Daderot |
| **License:** | CC0 | | |

**[i6]** - 002_001_001_image_gebaeudehuelle.jpeg
https://upload.wikimedia.org/wikipedia/commons/2/2f/Trompe_l_oeil_Emperor%27s_Courtyard_Residenz_Munich.jpg

| | | | |
|---|---|---|---|
| **Date:** | 2013-10-22 | **von:** | Jebulon |
| **License:** | CC0 | | |

**[i7]** - 002_001_001_image_bienenwabe.jpeg
https://upload.wikimedia.org/wikipedia/commons/f/fc/AEDC_team_members_mark_completion_of_16S_honeycomb_%288205389%29.jpg

| | | | |
|---|---|---|---|
| **Date:** | Taken | **von:** | OptimusPrimeBot |
| **Künstler:** | Keith Thornburgh | **License:** | Public domain |

**[i8]** - 002_001_002_image_aufzug.jpeg
https://upload.wikimedia.org/wikipedia/commons/0/03/Adams_Building_Elevator_%2831935139772%29.jpg

| | | | |
|---|---|---|---|
| **Date:** | 2017-01-03 | **von:** | Vanished Account Byeznhpyxeuztibuo |
| **Künstler:** | USCapitol | **License:** | Public domain |

**[i9]** - 002_001_002_image_treppenhaus.jpeg
https://upload.wikimedia.org/wikipedia/commons/1/1a/Stairwell%2C_People%E2%80%99s_Savings_Bank_Building%2C_Pittsburgh%2C_2020-01-23.jpg

| | | | |
|---|---|---|---|
| **Date:** | 2020-01-23 | **von:** | Cbaile19 |
| **License:** | CC0 | | |

**[i10]** - 002_001_003_image_jalousien.jpeg
https://upload.wikimedia.org/wikipedia/commons/d/d2/VenetianBlindAiyaz.jpg

| | | | |
|---|---|---|---|
| **Date:** | 2006-11-26 | **von:** | Mutatis mutandis |
| **Künstler:** | Elf | **License:** | Public domain |

**[i11]** - 002_001_003_image_oberlichter.jpeg
https://upload.wikimedia.org/wikipedia/commons/3/3f/Metropolitan_Building_skylight_Minneapolis.jpg

| | | | |
|---|---|---|---|
| **Date:** | Taken | **von:** | File Upload Bot (Magnus Manske) |
| **Künstler:** | Mulad | **License:** | Public domain |

**[i12]** - 002_001_003_image_sonnenschutzvorrichtungen.jpeg
https://upload.wikimedia.org/wikipedia/commons/c/c5/ALA_MOANA_OFFICE_BUILDING_GLOWS_IN_THE_AFTERNOON_SUN_-_NARA_-_553789.jpg

| | | | |
|---|---|---|---|
| **Date:** | October | **von:** | US National Archives bot |
| **Künstler:** | NARA record: 3403717 | **License:** | Public domain |

**[i13]** - 002_002_001_image_demontage.jpeg
https://upload.wikimedia.org/wikipedia/commons/c/ca/Building_demolition_in_Ebisu.jpg

| | | | |
|---|---|---|---|
| **Date:** | 10 June 2023 | **von:** | Syced |
| **License:** | CC0 | | |

**[i14]** - 002_002_001_image_schiefer.jpeg
https://upload.wikimedia.org/wikipedia/commons/6/6a/Slate_at_Morte_Point_in_Devon.jpg

| | | | |
|---|---|---|---|
| **Date:** | 2017-06-29 | **von:** | GeoWriter |
| **Künstler:** | https://pixabay.com/en/users/aitoff-388338/ | **License:** | CC0 |

**[i15]** - 002_002_002_image_umweltbelastung.jpeg
https://upload.wikimedia.org/wikipedia/commons/a/a4/Alfred_Palmer_Smokestacks.jpg

| | | | |
|---|---|---|---|
| **Date:** | 1942 | **von:** | Durova |
| **Künstler:** | Alfred T. Palmer | **License:** | Public domain |

**[i16]** - 002_002_003_image_stahltraeger.jpeg
https://upload.wikimedia.org/wikipedia/commons/0/03/Steel_workers.jpg

| | | | |
|---|---|---|---|
| **Date:** | circa | **von:** | Danaleeper |
| **Künstler:** | Andersson, Arne / Bohusläns museum | **License:** | CC0 |

**[i17]** - 002_002_003_image_upcycling.jpeg
https://upload.wikimedia.org/wikipedia/commons/9/97/Upcycling_Stra%C3%9Fenlampe_Frank_John-Lorenz_20200321_104129.jpg

| | | | |
|---|---|---|---|
| **Date:** | 2020-03-21 | **von:** | Frank John-Lorenz |
| **License:** | CC0 | | |

**[i18]** - 002_003_001_image_mineralwolle.jpeg
https://upload.wikimedia.org/wikipedia/commons/a/a3/Wool_insulation_installation.jpg

| | | | |
|---|---|---|---|
| **Date:** | 2012-06-07 | **von:** | الحساوي |
| **Künstler:** | RachelW1 | **License:** | CC0 |

**[i19]** - 002_003_001_image_photovoltaikanlage.jpeg
https://upload.wikimedia.org/wikipedia/commons/1/1b/Roof_Photovoltaic_Test_Facility_%285941022632%29.jpg

| | | | |
|---|---|---|---|
| **Date:** | 2006-06-22 | **von:** | Vanished Account Byeznhpyxeuztibuo |
| **Künstler:** | National Institute of Standards and Technology | **License:** | Public domain |

**[i20]** - 002_003_003_image_fussbodenheizung.jpeg
https://upload.wikimedia.org/wikipedia/commons/9/95/Electric_floor_heating_fussbodenheizung.jpg

| | | | |
|---|---|---|---|
| **Date:** | 2010-12-07 | **von:** | Hundehalter |
| **License:** | CC0 | | |

**[i21]** - 003_001_001_image_3dmodell.jpeg
https://upload.wikimedia.org/wikipedia/commons/f/f6/Construction_barrel_3D_animation.png

| | | | |
|---|---|---|---|
| **Date:** | 2020-03-28 | **von:** | Kurtkaiser |
| **Künstler:** | Kurt Kaiser | **License:** | CC0 |

**[i22]** - 003_001_001_image_baustellenlogistik.jpeg
https://upload.wikimedia.org/wikipedia/commons/a/a2/US_Navy_100220-N-9643W-038_Service_members_conducting_joint_logistics_over_the_shore_operations_at_the_main_seaport_in_Port-au-Prince%2C_Haiti_off-load_construction_vehicles_and_equipment..jpg

| | | | |
|---|---|---|---|
| **Date:** | 2010-02-20 | **von:** | BotMultichillT |
| **Künstler:** | U.S. Navy photo by Mass Communication Specialist 2nd Class Kim Williams | **License:** | Public domain |

**[i23]** - 003_001_002_image_nachhaltigkeit.jpeg
https://upload.wikimedia.org/wikipedia/commons/2/2c/North_America_from_low_orbiting_satellite_Suomi_NPP.jpg

| | | | |
|---|---|---|---|
| **Date:** | 2012-01-04 | **von:** | Hellbus |
| **Künstler:** | NASA/NOAA/GSFC/Suomi NPP/ VIIRS/Norman Kuring | **License:** | Public domain |

**[i24]** - 003_002_001_image_qualitaetskontrolle.jpeg
https://upload.wikimedia.org/wikipedia/commons/5/58/Quality_Control_-_Civil_Engineering_Project_Ghana_%288832140%29.jpg

| | | | |
|---|---|---|---|
| **Date:** | Taken | **von:** | OptimusPrimeBot |
| **Künstler:** | Justin Stumberg | **License:** | Public domain |

**[i25]** - 003_003_002_image_baubesprechung.jpeg
https://upload.wikimedia.org/wikipedia/commons/3/3f/Engineer_technician_performing_a_pre-construction_meeting_with_land_manager_%28left%29_on_a_joint_project_on_a_CRP_Marginal_Grasslands_site_and_the_Chippewa-Luce-Mackinac_Conservation_District._Chippewa_County%2C_Michigan.jpg

| | | | |
|---|---|---|---|
| **Date:** | 2021-08-18 | **von:** | Ooligan |
| **Künstler:** | USDAgov | **License:** | Public domain |

**[i26]** - 003_003_002_image_kritischer_pfad.jpeg
https://upload.wikimedia.org/wikipedia/commons/c/c3/McKnight_Road_Bridges_under_Construction-1_MN_%288474564430%29.jpg

| | | | |
|---|---|---|---|
| **Date:** | 2007-07-16 | **von:** | Tyler ser Noche |
| **Künstler:** | Federal Highway Administration | **License:** | Public domain |

**[i27]** - 004_001_001_image_gewerbeimmobilie.jpeg
https://upload.wikimedia.org/wikipedia/commons/a/ae/Abandoned_commercial_property%2C_Soul_City.jpg

| | | | |
|---|---|---|---|
| **Date:** | 2018-12-19 | **von:** | Indy beetle |
| **License:** | CC0 | | |

**[i28]** - 004_001_001_image_starkregenereignis.jpeg
https://upload.wikimedia.org/wikipedia/commons/c/cb/Remnants_of_Subtropical_Storm_Alberto_Bring_Heavy_Rain_to_the_South%2C_Midwest_%28NESDIS_2018-05-30%29.jpg

| | | | |
|---|---|---|---|
| **Date:** | 30 May 2018 | **von:** | OptimusPrimeBot |
| **Künstler:** | NOAA | **License:** | Public domain |

**[i29]** - 004_001_001_image_rueckhaltebecken.jpeg
https://upload.wikimedia.org/wikipedia/commons/a/a7/Retention_basin_Rudolph-Wilde-Park_with_water_2023-06-26_07.jpg

| | | | |
|---|---|---|---|
| **Date:** | 2023-06-26 | **von:** | GPSLeo |
| **Künstler:** | Leonhard Lenz | **License:** | CC0 |

**[i30]** - 004_001_001_image_zisterne.jpeg
https://upload.wikimedia.org/wikipedia/commons/8/80/Cistern%2C_Gallier_House%2C_New_Orleans%2C_1978.jpg

| | | | |
|---|---|---|---|
| **Date:** | 1978-07-25 | **von:** | Infrogmation |
| **Künstler:** | Uncredited for US National Park Service | **License:** | Public domain |

**[i31]** - 004_001_002_image_gartenbewaesserung.jpeg
https://upload.wikimedia.org/wikipedia/commons/1/17/PivotIrrigationOnCotton.jpg

| | | | |
|---|---|---|---|
| **Date:** | 2004-11 | **von:** | Saperaud~commonswiki |
| **License:** | Public domain | | |

**[i32]** - 004_001_002_image_toilettenspuelung.jpeg
https://upload.wikimedia.org/wikipedia/commons/a/ad/Standen_House_toilet_2024-10-08.jpg

| | | | |
|---|---|---|---|
| **Date:** | 2024-10-08 | **von:** | Onthewings |
| **Künstler:** | Andy Li | **License:** | CC0 |

**[i33]** - 004_002_001_image_kreislaufwirtschaft.jpeg
https://upload.wikimedia.org/wikipedia/commons/d/d5/Waste_In_Iran%2C_Qom_City%2C_Worker%2C_Canon_Photography%2C_Social_Documentary%2C_Mostafa_Meraji_11.jpg

| | | | |
|---|---|---|---|
| **Date:** | 2015-11-10 | **von:** | Mostafameraji |
| **License:** | CC0 | | |

**[i34]** - 004_002_002_image_container.jpeg
https://upload.wikimedia.org/wikipedia/commons/7/7a/Line3174_-_Shipping_Containers_at_the_terminal_at_Port_Elizabeth%2C_New_Jersey_-_NOAA.jpg

| | | | |
|---|---|---|---|
| **Date:** | 2004-06 | **von:** | Tagishsimon |
| **Künstler:** | Captain Albert E. Theberge, NOAA Corps (ret.) | **License:** | Public domain |

**[i35]** - 004_002_002_image_gebaeudemodell.jpeg
https://upload.wikimedia.org/wikipedia/commons/7/7a/Architectural_model_condo_interior.jpg

| | | | |
|---|---|---|---|
| **Date:** | 2006-12-28 | **von:** | Mcapdevila |
| **Künstler:** | Fourdee | **License:** | Public domain |

**[i36]** - 004_002_002_image_paletten.jpeg
https://upload.wikimedia.org/wikipedia/commons/b/b4/FEMA_-_39207_-_Food_storage_containers_stacked_on_shipping_pallets_in_Texas.jpg

| | | | |
|---|---|---|---|
| **Date:** | 2008-10-10 | **von:** | BotMultichillT |
| **Künstler:** | Greg Henshall | **License:** | Public domain |

**[i37]** - 004_003_002_image_elektrolkw.jpeg
https://upload.wikimedia.org/wikipedia/commons/4/42/REE_Automotive_P7-C_class_4_electric_truck_with_Knapheide_vocational_body_Work_Truck_Week_2024_facing_left.jpg

| | | | |
|---|---|---|---|
| **Date:** | 2024-03-07 | **von:** | HueSurname |
| **Künstler:** | MJofLakeland1 | **License:** | Public domain |

**[i38]** - 004_003_002_image_intermodaler_transport.jpeg
https://upload.wikimedia.org/wikipedia/commons/0/03/Intermodal_terminal_01.jpg

| | | | |
|---|---|---|---|
| **Date:** | 2020-06-01 | **von:** | Wikideas1 |
| **Künstler:** | Federal Highway Administration | **License:** | Public domain |

**[i39]** - 004_003_003_image_erneuerbare_energien.jpeg
https://upload.wikimedia.org/wikipedia/commons/d/d9/Energy_Systems_Integration_Facility_%28ESIF%29_Construction_%289094118236%29.jpg

| | | | |
|---|---|---|---|
| **Date:** | 2012-12-05 | **von:** | Bomazi |
| **Künstler:** | ENERGY.GOV | **License:** | Public domain |

**[i40]** - 005_002_001_image_thermostatventil.jpeg
https://upload.wikimedia.org/wikipedia/commons/6/6f/247_Home_Rescue_radiator_thermostat.jpg

| | | | |
|---|---|---|---|
| **Date:** | 2014-06-11 | **von:** | 247homerescue |
| **License:** | CC0 | | |

**[i41]** - 005_002_003_image_messgeraet.jpeg
https://upload.wikimedia.org/wikipedia/commons/7/70/Air_Terminal_Flow_Device_1.jpg

| | | | |
|---|---|---|---|
| **Date:** | 2022-01-28 | **von:** | Ivangiesen |
| **License:** | CC0 | | |

FSC
www.fsc.org
MIX
Papier | Fördert
gute Waldnutzung
FSC® C083411

Kolibri 360 GmbH
Ferdinand-Jühlke-Straße 7
99095 Erfurt, Deutschland
produktsicherheit@kolibri360.de